中国龟鳖 养殖与病害防治 新技术

ZHONGGUO GUIBIE YANGZHI YU
BINGHAI FANGZHI XIN JISHU

章 剑 著

海洋出版社

2016年·北京

内容提要

这是一本讲述中国龟鳖产业技术与战略的高端图书。在技术层面，作者奉献给读者的是养殖核心技术与疑难病害的诊疗实例；在战略层面，提出产业结构调整与系统整合的目标、路径与资源。本书将基本原理与实用技术紧密结合，通过精美彩图和大量实例解答读者的疑难问题。专业、实用、新颖、高标。深层次的专业精髓通俗表达，让不同层次的读者受益。本书充分体现三个亮点：一是新技术。重点介绍了国内前沿的龟鳖养殖核心技术和疾病诊疗新方法，解析环境、饲料与平衡构成核心技术的奥秘，平衡是龟鳖养殖的最高境界，实例介绍疑难性疾病与应激性疾病的诊疗新技术；二是高效。通过经营策略的改变来取得高效率、高效益和高价值，具体包括龟鳖产业结构和系统整合，在产业结构中剖析了高端产业链、养殖产业链和观赏产业链，并在系统整合中提出8种整合途径，4个纵向整合：基础与高端整合、保护与利用整合、产能与市场整合、输出与流通整合；4个横向整合：养殖与观赏整合、生产与环境整合、安全与质量整合、信息与知识整合。这种新思路、新方法，为养殖者提高经营水平和经济效益指明新方向；三是图解。为避免纯文字表述枯燥，采用全彩图解与专业精炼的文字相结合，图文并茂，一目了然，帮助读者理解和掌握新知识与新技术。

图书在版编目(CIP)数据

中国龟鳖养殖与病害防治新技术 / 章剑著. -- 北京：海洋出版社, 2016.1
ISBN 978-7-5027-9308-1

Ⅰ.①中… Ⅱ.①章… Ⅲ.①龟鳖目-淡水养殖②龟鳖目-病虫害防治 Ⅳ.①S966.5

中国版本图书馆CIP数据核字(2015)第292016号

责任编辑：杨　明
责任印制：赵麟苏

海洋出版社 出版发行
http://www.oceanpress.com.cn
北京市海淀区大慧寺路8号　邮编：100081
北京朝阳印刷厂有限责任公司印刷　新华书店北京发行所经销
2016年1月第1版　2016年1月第1次印刷
开本：787mm×1092mm　1/12　印张：23
字数：336千字　定价：200.00元
发行部：62132549　邮购部：68038093　总编室：62114335
海洋版图书印、装错误可随时退换

前 言

本书涉及到的内容十分丰富。龟，鳖；养殖，观赏；饲养，病害；疑难，应激；生产，经营；技术，市场。全方位解析中国龟鳖产业的核心价值，让每一位读者受益。属于高端图书，全彩，具有较高的收藏价值和应用价值。

石龟，包括南石、大青、小青，要和鳄龟一样，尽快走向市场化，要与消费者直接见面，成为大众消费的食品。积极开展深加工，通过科学养殖，市场开发，实现其价值。

龟鳖养殖为市场服务，所以要以市场为导向，不断调整养殖结构和品种结构，适应消费者需求。观赏龟追求欣赏价值，与观赏者的需求相对接，尤其是对龟的习性、体色、珍稀等方面深入了解。龟鳖可以适当杂交，但不能作为主要方向，要保护种质资源不受破坏。

在养殖技术中重要的是平衡，就是龟鳖体内外生态平衡和营养平衡。高产高效是养殖的目标。在病害防治方面，根据已出现的各种疑难杂症和应激性疾病分析，根本原因是生态系统失衡的表现。因此，要从环境改善、营养全面和生态平衡着手。不懂平衡，就不懂应激，不懂应激，就不懂龟鳖养殖。平衡不仅是手段，而且是养殖的最高境界。

懂原理，才能指导实践，一通百通。我们在进行龟鳖养殖时，要注意研究龟的环境，光线，水质，饲料中氨基酸配比、电解质平衡，尤其是注意生态系统中的环境调控、结构调控和生物调控，掌握龟鳖生物学特性和生态调控原理，才有可能获得较高的养殖成活率和繁殖率。

目前，龟鳖市场处于调整期。我们要认真对待养殖的品种，在品种、结构、知识等方面，知识优先，要积极参加相关的交流活动，参观先进的养殖场，在学习中获得启发，将核心技术运用到生产实践中，少走弯路，充分认识到市场竞争的激烈性，说到底是技术竞争的真谛。

我们要保持独立思考、质疑一切的思维。勇于找出自己与别人的差距，分析市场变化趋势，听取不同意见，不要人云亦云，秉持核心技术第一，加入健康发展行列。站得高，看得远，才能立于不败之地。

通过对本书的认真阅读，不仅可以掌握核心技术，又懂得了如何经营，变成理性养殖者，在市场中分析养殖问题，在养殖中看到未来变化。希望每一位读者在互联网大潮和物联网趋势中，审时度势，抓住机遇，先人一步，领先一路。

在此感谢我的老师姚宏禄、胡绍坤、王熙芳、朱光定、孙秀文和顾敦沂诸先生。

章 剑

2015年11月11日

目　录

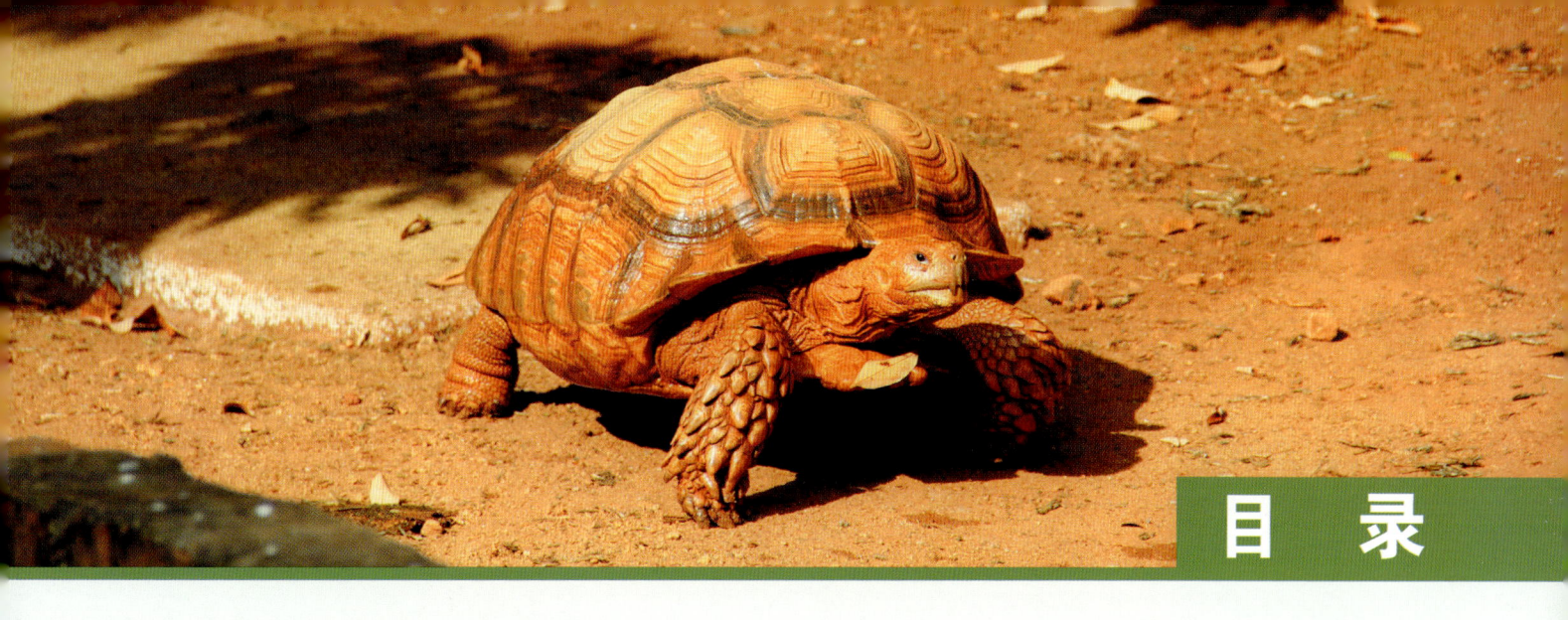

第一章　核心养殖技术

第一节　环境整洁优化 ················ 2
　　一、自然仿生型 ···················· 2
　　二、露天养殖型 ··················· 15
　　三、温室养殖型 ··················· 23
第二节　饲料营养卫生 ··············· 32
　　一、植物性饲料 ··················· 34
　　二、动物性饲料 ··················· 36
　　三、配合饲料 ····················· 37
第三节　生态系统平衡 ··············· 43
　　一、体内平衡 ····················· 43
　　二、体外平衡 ····················· 48
　　三、生态调控 ····················· 50

第二章　疾病诊疗技术

第一节　常见性疾病 ················· 66
　　一、常见性龟病 ··················· 66
　　二、常见性鳖病 ··················· 83
第二节　疑难性疾病 ················· 89
　　一、龟类疑难性疾病 ··············· 89
　　二、鳖类疑难性疾病 ·············· 117
第三节　应激性疾病 ················ 124
　　一、龟应激性疾病 ················ 125
　　二、鳖应激性疾病 ················ 173
　　三、注射方法 ···················· 179

第三章　经营策略

第一节　产业结构·················182
　　一、高端产业链追求效率·········182
　　二、养殖产业链注重效益·········196
　　三、观赏产业链讲究价值·········199
第二节　系统整合（四纵四横）·····221
　　一、基础与高端整合·············221
　　二、保护与利用整合·············225
　　三、产能与市场整合·············228
　　四、输出与流通整合·············229
　　五、养殖与观赏整合·············230
　　六、生产与环境整合·············232
　　七、安全与质量整合·············233
　　八、信息与知识整合·············234

第四章　市场分析

第一节　热点问题·················246
　　一、生态系统平衡问题···········246
　　二、龟鳖养殖致富问题···········248
　　三、龟鳖品种选择问题···········249
第二节　难点问题·················250
　　一、额，注水加冰···············250
　　二、缘，加冰冲凉···············254
　　三、病，束手无策···············255
第三节　发展趋势·················257
　　一、龟鳖食品须安全·············257
　　二、龟鳖观赏重保护·············257
　　三、健康发展靠理性·············258

附录　水产养殖药品名录···········262
参考文献·························270

Chapter 1

第一章
核心养殖技术

龟鳖产业和其他行业一样，有其自身的核心技术。在养殖中，龟鳖与环境构成生态系统，依习性龟类分陆栖、水陆两栖和水栖三类，鳖属水栖。龟鳖对环境有较高的要求，环境整洁优化，就是要创造干净美丽的生态环境，满足龟鳖生活、生长和繁殖的需要。龟鳖生长和繁殖需要营养，需要氨基酸平衡和电解质平衡，蛋白质、碳水化合物、脂肪、矿物质、维生素等营养全面，针对不同龟鳖不同时期对营养的需求来配制，以求得饲料报酬最高、生长速度最快、繁殖率最好的最佳状态。平衡是龟鳖养殖中永恒的主题，也是龟鳖养殖最高境界，龟鳖体内需要平衡，龟鳖与环境之间需要平衡，失去平衡就会发病，平衡受到威胁就会应激。因此，掌握环境、饲料和平衡三大法宝，是龟鳖养殖制胜的核心技术。

（张琦提供）

第一节　环境整洁优化

龟鳖养殖对环境的要求必须符合其生态习性。建场选址要求三点：环境安静、水质良好和交通方便。在此基础上，应保持环境整洁和结构优化，为龟鳖生长和繁殖创造优良的生态环境。环境整洁，病原难以滋生，病害减少发生；结构优化，合理利用空间，养殖更有效率。

一、自然仿生型

无论是养龟，还是养鳖，都可以采用生态仿生型的环境，追求高效优质的养殖目标。

养水龟可以室内或室外，在龟池中利用木头、石头营造仿自然生态（图1-1至图1-8）。观赏性微型仿生环境，龟享受其中（图1-9）。池周种植阔叶植物或藤蔓植物，优化环境（图1-10至图1-25）。帐帘式根须垂挂于龟池上方，形成梦幻般的自然生态（图1-26至图1-28）。杨火廖模拟野生环境养龟，已引起养龟者的广泛关注（图1-29至图1-31）。在苏州，园林式的养龟吸引更多目光，池岸弯曲，果树成荫，幽深别致，沏茶赏龟，创造美丽人文的"龟人合一"境界，中央电视台曾到现场拍摄（图1-32至图1-34）。此外，在室内或屋顶使用80厘米×80厘米瓷砖建造的龟池在广东、广西比较普遍，瓷砖用995硅酮结构密封胶黏合，经济实用，充分利用空间。这种龟池的建造成本低，在沙琅等地已形成产业链（图1-35）。

图1-1　利用木头创造养龟生态环境（黄东晓提供）

图1-2　优美的养龟生态环境（黄东晓提供）

第一章　核心养殖技术

图1-3　利用石头构造仿生型养龟生态（黄东晓提供）

图1-4　仿生型环境中的龟悠然自得（黄东晓提供）

图1-5　仿生型的龟生态造型各异（黄东晓提供）

图1-6　石头木头草丛水源构成完整的仿生型生态（黄东晓提供）

图1-7　龟在草丛与水源间栖息（黄东晓提供）

图1-8　龟在丛中笑（黄东晓提供）

图1-9　观赏龟微型仿生环境（杨春提供）

第一章 核心养殖技术

图1-10　龟池四周绿色葱葱

图1-11　龟池被阔叶植物包裹

图1-12　石龟养在优美的仿生型环境里

图1-13　广东电白沙琅日强养龟生态园

图1-14　顺德李丽兴仿生型养龟环境（一）

图1-15　顺德李丽兴仿生型养龟环境（二）

图1-16　顺德李丽兴仿生型养龟环境（三）

图1-17　顺德李丽兴仿生型养龟环境（四）

图1-18 顺德李丽兴仿生型养龟环境（五）

图1-19 杨火廖仿生型养龟环境（一）

图1-20 杨火廖仿生型养龟环境（二）

图1-21 杨火廖仿生型养龟环境（三）

图1-22 杨火廖仿生型养龟环境（四）

图1-23 杨火廖仿生型养龟环境（五）

图1-24 杨火廖仿生型养龟环境（六）

图1-25 杨火廖仿生型养龟环境（七）

图1-26 龙须草垂挂于龟池上方形成帐幔式的自然生态（一）

第一章　核心养殖技术

图1-27　龙须草垂挂于龟池上方形成帐幔式的自然生态（二）

图1-28　龙须草垂挂于龟池上方形成帐幔式的自然生态（三）

图1-29　杨火廖模拟野生环境养龟

图1-30　杨火廖模拟野生环境养殖金钱龟

图1-31 杨火廖模拟野生环境养龟引起广泛关注

图1-32 苏州谢仁根园林生态养龟曲径通幽

图1-33 中央电视台拍摄《乌龟养在园林里》专题片

图1-34 笔者接受中央电视台采访后合影

图1-35 使用瓷砖建造龟池在广东和广西比较普遍（茂名龟友灰色国度提供）

养两栖龟采用小树林生态，土质的地面，加上落叶，形成自然生态位，龟钻进树叶里犹如在野生环境里，休养生息，这样的环境下养殖的龟背甲细纹清晰，犹如鬼斧神工，雕刻所致，观赏价值极高（图1-36和图1-37）。

图1-36 笔者养殖的黄缘盒龟仿自然生态

图1-37 笔者仿自然养殖的黄缘盒龟壳纹细密

养陆龟采用小树林与灌木丛相结合的生态环境。陆龟喜欢在草丛中栖息，在附近设置饮水池（图1-38）。在悉尼笔者参观了动物园里的卡达伯拉象龟的人工生态环境，龟的栖息环境中有绿色植物遮阴，饮水池周围设置小树和草丛（图1-39和图1-40）。

图1-38　缅甸陆龟饲养在仿自然生态中（黄东晓提供）

图1-39　悉尼动物园亚达伯拉象龟

图1-40　悉尼动物园亚达伯拉象龟泡澡池

养鳖采用仿野生环境，模拟自然生态，一般采用土池设计，让鳖自然冬眠，投喂鱼、虾、螺等天然动物性饲料，获得高品质商品鳖，以高质优价取胜。这种仿生型环境养殖出来的商品鳖，体色晶莹剔透，裙边宽厚，脂肪金黄，脚趾扁尖黄，肉味清香，营养价值高（图1-41至图1-43）。根据上海海洋大学的研究，仿生态鳖的营养价值明显高于温室鳖。

图1-41 模拟野生环境池塘养鳖

图1-42 仿野生鳖养殖喂杂鱼

图1-43 仿野生鳖体色晶莹剔透

二、露天养殖型

露天养殖型，是进行龟鳖规模化生产，追求高产高效的一种方式。按功能分为生产型、观赏型和生态型。按结构分为平面型和立体型。

在生产型中，广西贵港永利兴龟鳖有限公司的规模化露天养殖基地，近百亩[①]连片池塘，主要进行龟鳖养殖与示范，其中黄沙鳖养殖已形成相当的规模，根据品牌战略，生产高端的绿色食品级的黄沙鳖，投放市场，取得较高的附加值（图1-44）。苏州的一家养殖企业，以养鳖和观赏龟生产为主，形成规模化、集约化的露天养殖型（图1-45和图1-46）。江苏宜兴的一家龟鳖养殖场，主要养殖日本鳖、角鳖、鳄龟等，露天池养殖高产高效（图1-47和图1-48）。浙江桐乡的一家养殖场，主养日本鳖，其食台设计独特，可提高鳖的摄食效率，减少浪费，环境优化后，产出的日本商品鳖色泽金黄，深受市场欢迎（图1-49至图1-52）。广东茂名杨火廖的露天养殖池主要特色是，在池顶部加盖塑料大棚，以延长龟鳖生长期，池子两侧是产卵场（图1-53）。笔者在广东顺德的一家立体式养龟庭院，见到的这种充分利用空间，构造科学合理的龟池结构，眼前一亮（图1-54至图1-56）。顺德的另一家养殖场，龟在露天池中排列着晒背，龟池晒台整齐划一，赏心悦目（图1-57）。

图1-44 广西贵港永利兴公司露天龟鳖养殖基地

[①] 亩为非法定计量单位，1亩=1/15公顷。

图1-45 苏州大面积露天养鳖池

图1-46 苏州规模化露天养鳖池

第一章　核心养殖技术

图1-47　江苏宜兴露天龟鳖养殖池

图1-48　江苏宜兴池塘养殖鳄龟

图1-49　浙江桐乡露天池塘养殖日本鳖

17

图1-50 浙江桐乡养殖者凌海松设计的养鳖食台

图1-51 浙江桐乡养殖者凌海松抓捕日本鳖

图1-52 浙江桐乡养殖者凌海松露天池养殖的日本鳖

图1-53 茂名杨火廖露天龟鳖养殖池

第一章 核心养殖技术

图1-54 广东顺德立体式养龟池

图1-55 广东顺德立体式多角度养龟池

图1-56 广东顺德立体养龟池微结构

图1-57 广东顺德露天养殖池

在观赏型中，笔者给读者推荐的是北海王大铭龟鳖生态园。他采用露天池养殖60多种观赏性龟鳖，涉及亚洲巨龟、斑点池龟、钻纹龟、圆澳龟、鳄龟、中南半岛大鳖等，具有一定的规模，笔者与金大地饲料有限公司陈国艺总经理一起拜访了这家龟鳖园（图1-58至图1-60）。

图1-58　北海王大铭龟鳖生态园

图1-59　金大地陈总在北海王大铭生态园考察

图1-60　北海王大铭向参观者介绍龟鳖生态园

在生态型中，浙江松阳县特种水产养殖公司内，生态养殖优点突出。使用露天池移植水葫芦、荷藕等植物，起到遮阴、净污、美化的作用。养殖场内主要品种是鳄龟，养殖池规模连片，苗种池与亲龟池配套合理，产卵场连体分布，捡卵方便，提高了生产效率（图1-61至图1-65）。

图1-61 浙江松阳鳄龟养殖基地

图1-62 浙江松阳鳄龟养殖基地使用水葫芦净化水质

图1-63 浙江松阳鳄龟养殖基地一角

图1-64　浙江松阳鳄龟养殖基地种苗培育池

图1-65　浙江松阳鳄龟养殖基地种植荷花创造自然生态

三、温室养殖型

温室养殖起源于日本,20世纪70年代打破的鳖的冬眠新技术开启了一次重大的时代转型。80年代末该技术被引进到我国后,开始试验,湖南采用地热水养鳖,浙江杭州采用锅炉加温养鳖,结果均获成功,这一技术的突破,使鳖的产量大增,解决了我国"吃鳖难"的问题。从90年代开始,全国有条件的地方,到处投资温室养鳖,此后从1995年起,在温室养鳖成功的基础上,逐步试验并推广温室养龟。技术成熟度不断提高并发生变革,影响整个产业。目前龟鳖控温养殖的主要省(自治区)有江苏、浙江、山东、湖北、湖南、广东和广西等。

由于各地自然条件不一样,温室的构造各异。江浙为代表的全封闭系统加温温室(图1-66至图1-68),广东和广西为代表的局部加温养殖箱(图1-69和图1-70)。系统加温顾名思义就是整体加温,整个温室按照系统来设计的一种加温方式,在温室内配置加温系统、进排水系统、增氧系统和调温池(图1-71)。而局部加温,主要是利用保温箱来进行加温,保温箱设置在一般的房子内,只对保温箱内加温,一般在箱内安装普通灯泡、陶瓷灯

图1-66 浙江湖州养龟温室

图1-67 浙江金大地公司龟鳖温室

图1-68 浙江湖州东林养龟温室

或铺设电热膜加温，有水位控制器，温控，高温警报，箱体六面要用泡沫板做保温材料，外层包裹保温（图1-72）。系统加温一般采用单层池设计，便于操作，缺点是投资成本相对较大；局部加温采用多层池设计，利用空间，缺点是在换水时由于冷热空气交换，龟易发生应激。系统加温养殖对象主要有乌龟、黄喉拟水龟、珍珠龟、珍珠鳖和角鳖等（图1-73至图1-77）；局部加温养殖对象主要有石龟、黄缘盒龟、安南龟、金钱龟等（图1-78和图1-79）。

图1-69　广东顺德局部加温养殖黄缘盒龟

图1-70　广西北海温室养殖山瑞鳖

图1-71　温室中的调温池建造

图1-72　广西钦州局部加温养殖石龟（网友冰柠檬提供）

第一章 核心养殖技术

图1-73 浙江湖州温室养乌龟

图1-74 温室养殖黄喉拟水龟

图1-75 温室养殖珍珠龟

图1-76 温室养殖珍珠鳖

图1-77 温室养殖角鳖

27

图1-78　局部控温养殖安南龟

图1-79　局部控温养殖金钱龟

第一章 核心养殖技术

在系统加温中，目前采用的加温方法主要有小灶、锅炉、小煤炉、木屑炉、太阳能和电热线等（图1-80至图1-84）。加温方法按照养殖目标可分为全程加温和阶段加温，前者是指从龟鳖苗开始养成龟鳖商品，直接上市；后者是指龟鳖苗至幼体龟鳖在温室内控温养殖，幼体龟鳖至商品龟鳖转群到露天池进行常温养殖，并适当投喂天然饲料，以获得高品质的龟鳖（图1-85至图1-88）。

图1-81　使用锅炉加温

图1-82　使用小煤炉加温

图1-80　使用小灶加温

图1-83　使用木屑炉加温

29

图1-84 使用太阳能加温

图1-85 江苏温室与露天池配套养殖鳖

图1-86 浙江温室养殖与常温养殖相结合

第一章 核心养殖技术

图1-87 广西横县温室与露天池配套养殖

图1-88 阶段控温与常温养殖结合产出的日本鳖

31

第二节 饲料营养卫生

龟鳖食性比较复杂。龟分三类：一类是陆龟，主要特征是脚趾间无蹼，植物食性（图1-89）；二类是半水栖龟类，主要特征是脚趾间半蹼，杂食性（图1-90）；三类是水栖龟类，主要特征是脚趾间全蹼，杂食偏肉食性（图1-91）。鳖类属于水栖，主要特征是具有裙边，脚趾间全蹼，和水栖龟类一样，杂食偏动物食性（图1-92）。

图1-89 陆龟指趾间无蹼（那乌提供）

图1-90 半水栖龟指趾间半蹼

图1-91 水龟指趾间全蹼（张琦提供）

图1-92 鳖指趾间全蹼

33

一、植物性饲料

对于陆龟来说，植物性饲料是它的主食。常见品种有：莴苣叶、生菜、油麦菜、土豆、西红柿、黄瓜、南瓜、胡萝卜、香蕉、橙子、樱桃、苹果、山楂、蒲公英、车前草、桑叶、马齿苋、牛筋草、黑麦草、紫花苜蓿和干牧草等（图1-93）。

半水栖龟类，一般喜食野草莓、香蕉、西红柿和馒头等，此外，配合饲料中需按比例添加植物性饲料（图1-94至图1-96）。

水栖龟类，一般不喜欢摄食植物性饲料，个别龟能摄食，如巴西龟可以摄食水葫芦。在配合饲料中，需要适量添加植物性饲料。

鳖类，仅在配合饲料中适量添加植物性饲料，如玉米蛋白粉、豆饼、木薯淀粉等。这是因为植物性饲料氨基酸不完全，需要与动物性饲料搭配，才能满足鳖的营养需求。

图1-93 悉尼动物园亚达伯拉象龟摄食干牧草

第一章　核心养殖技术

图1-94　黄额盒龟摄食南瓜和胡萝卜

图1-95　黄额盒龟摄食西红柿

图1-96　黄额盒龟喝粥（小云提供）

35

二、动物性饲料

动物性饲料氨基酸相对比较全面,除陆龟外,其他龟类和鳖类都喜欢摄食这类饲料。主要包括鱼类、贝类、甲壳类和其他动物性饲料。各种淡水鱼类和海水鱼类,在使用时一般采用去骨去刺后的鱼糜投喂,对于成体龟鳖,也可将鱼切成段。贝类有螺、蚌、蚬等。甲壳类有虾、昆虫、水蚤等。其他有牛肉、蚯蚓、蜗牛、蝇蛆、乳鼠、蚕蛹、血粉、鱼粉、骨粉、畜禽加工下脚料等。笔者观察安徽种群黄缘盒龟的食性时发现,其最喜欢摄食的食物是牛肉、瘦猪肉、蜗牛、野草莓和金大地膨化饲料等(图1-97和图1-98)。

图1-98 黄沙鳖喜食的福寿螺

图1-97 黄喉拟水龟摄食杂鱼

三、配合饲料

为什么龟鳖养殖尽量要使用配合饲料？因为单纯使用动物性饲料或植物性饲料，营养不够全面，没有经过科学配比，也没有根据龟鳖需要的营养来设计。而配合饲料最大的优点是针对性强，营养全面，可以添加免疫增强剂、诱食剂，氨基酸平衡，电解质平衡，龟鳖摄食配合饲料后可以满足其生长和繁殖需要的营养物质，得到最佳饲料报酬，减少疾病（图1-99至图1-102）。

图1-99　石龟摄食金大地饲料（蛋蛋提供）

图1-100　石龟摄食金大地膨化颗粒饲料（渴望提供）

图1-101　黄缘盒龟摄食金大地饲料

图1-102 珍珠鳖摄食金大地饲料（蛋蛋提供）

蛋白质是生命的基础，没有蛋白质就没有生命。蛋白质由碳、氢、氧、氮、硫、磷等元素组成，主要存在于生物体内，包括肌肉、皮肤、脚趾、酶、激素、抗体等。蛋白质由不同氨基酸经缩聚形成的有机高分子化合物，氨基酸是羧酸烃基上的氢原子被氨基取代后的产物，而氨基就是NH_3去掉一个H原子剩下的部分，表示为$-NH_2$。不同的蛋白质水解最终生成各种氨基酸。什么是粗蛋白呢？粗蛋白是饲料中蛋白质含量的度量。由于蛋白质中含氮量约为16%，因此，在粗蛋白的测定中，一般采用凯氏定氮法测出总氮量，再乘以系数6.25求得。饲料中的粗蛋白包括真蛋白，也包括非蛋白含氮化合物，后者包括游离氨基酸、嘌呤、吡啶、尿素、硝酸盐和氨氮等。不同蛋白质氨基酸组成不同，其含氮量不同，总氮量换算成粗蛋白的系数不同。凯氏定氮法测定蛋白质分为样品消化、蒸馏、吸收和滴定4个过程。笔者曾在江苏省淡水水产研究所进修，进行粗蛋白测定。凯氏定氮法适用范围广，测定结果准确，重现性好，但操作复杂费时，试剂消耗大。

脂肪由碳、氢、氧组成，是由甘油与脂肪酸组成的三酰甘油酯，脂肪酸包括饱和脂肪酸、单不饱和脂肪酸和多不饱和脂肪酸。脂肪最后的产物是胆固醇。脂肪能量密度是每克37 000焦耳。必须脂肪酸是人体保持健康所必需的，例如ω-3脂肪酸，是指烃基上第一个双键位于从末端数第三个碳原子处。某些脂肪酸对大脑、免疫系统乃至生殖系统的正常运作十分重要，维生素A、D、E、K等吸收需要食物中脂肪的帮助。

1、龟鳖配合饲料的组成与营养成分

对于龟鳖养殖，配合饲料是根据龟鳖不同生长阶段、不同营养需求和不同生产目标，采用科学配方研制生产的饲料。按照饲料的形态，分为粉状饲料、硬颗粒饲料、软颗粒饲料、膨化颗粒饲料等（图1-103至图1-106）。鳖一般使用粉状饲料和软颗粒饲料，但是鳖也有膨化饲料（图1-107）。龟一般使用膨化颗粒饲料，也有采用粉状饲料的情况。硬颗粒饲料目前已很少使用（图1-108至图1-110）。

龟配合饲料主要原料为：优质鱼粉、饼粕类、啤酒酵母、肝末粉、复合维生素、复合矿物质和免疫增强剂等。

鳖配合饲料主要原料为：进口优质鱼粉、α-淀粉、谷朊粉、啤酒酵母、膨化大豆、复合维生素、复合矿物质、免疫增强剂及天然引诱剂等。

龟膨化颗粒饲料，一般分6种规格：稚龟0号、幼龟1号、幼龟2号、幼龟3号、成龟4号、亲龟5号，分别对应的粒径为：ø1.5、ø2.2、ø3.0、ø4.5、ø6、ø8。粗蛋白含量分别为：44%、42%、42%、40%、40%、39%。

鳖粉状饲料，分为开口料、稚鳖料、幼鳖料、成鳖料、亲鳖料。粗蛋白含量对应为：48%、46%、45%、42%、42%。

图1-103　粉状饲料

图1-104　硬颗粒饲料

图1-105　软颗粒饲料

图1-106　膨化颗粒饲料

图1-107　金大地鳖配合饲料

图1-108　金大地乌龟配合饲料（钦州海浪提供）

龟膨化饲料的主要营养成分：粗蛋白39%～44%、粗脂肪5%、粗纤维6%、粗灰分16%、食盐0.5%～3.0%、钙1.0%～4.5%、总磷不少于1.2%、赖氨酸1.9%～2.3%。

鳖配合饲料的主要营养成分：粗蛋白42%～48%、粗脂肪3%、粗纤维1.2%～5.0%、粗灰分17%～19%、食盐0.5%～3.0%、钙1.0%～4.5%、总磷不少于1.5%、赖氨酸2.2%～2.6%。

龟膨化配合饲料的投饵率（占体重%）：0～1号料5%～6%、2号料4%～5%、3号料2%～4%、4～5号料1.5%～3%。

鳖配合饲料的投饵率（占体重%）：开口料3%～5%、稚鳖料3%～5%、幼鳖料1%～3%、成鳖料1%～3%、亲鳖料1%～2%。

2. 龟的营养价值与饲料选择

龟饲料需要根据龟的营养成分来配制，因此一些学者对龟鳖的营养价值与饲料选择进行了初步研究。

朱新平等研究发现，黄喉拟水龟成龟的含肉率平均为23.4%，肌肉中各物质质量分数平均为：水分79.7%，灰分1.0%，粗脂肪0.3%，蛋白质18.2%；在肌肉16种氨基酸中，必需氨基酸质量分数平均为6.69%，氨基酸总量平均为14.9%；在测出的18种脂肪酸中，不饱和脂肪酸含量平均占64.77%，高度不饱和脂肪酸平均占22.91%。

乌龟肌肉的营养价值究竟如何？根据杨文鸽等研究结果：乌龟肌肉的蛋白质含量达16.64%，必需氨基酸和鲜味氨基酸分别占氨基酸总量的49.16%和43.39%，氨基酸组成中以谷氨酸Glu含量最为丰富，异亮氨酸Ile是第一限制性氨基酸，氨基酸分为82.63；乌龟肌肉脂肪含量为1.51%，脂肪酸组成以十八碳一烯酸C 18∶1为主，达39.32%，其次为棕榈酸C 16∶0及二十二碳六烯酸C 22∶6，不饱和脂肪酸占脂肪酸总量的76.83%。

野生乌龟与人工养殖乌龟的营养价值有什么不同呢？对此，葛雷等进行了研究，结果发现：养殖龟与野生龟从营养价值上没有太大的差异，养殖龟亦含有各种人体所必需的氨基酸成分，食

图1-109　金大地鳄龟配合饲料

图1-110　金大地石龟配合饲料

第一章 核心养殖技术

用后通过对蛋白质的消化吸收能补充人体各器官的营养需求。经测定养殖龟的脂肪含量高于野生龟4~5倍，其脂肪中含有微量对人体极有益的二十碳五烯酸EPA和二十二碳六烯酸DHA。由于未进行野生龟的脂肪酸测定，因此无法进行比较。如何控制养殖龟脂肪含量过高的问题，应当从调整饲料中蛋白质含量及饲料的配比等方面着手。笔者通过解剖进行比较，发现小鳄龟野生龟比人工养殖龟脂肪含量低很多，因此，需要适当改善鳄龟饲料配方，尽量使用膨化配合饲料，如果使用粉状配合饲料养鳄龟，一般不需要添加油类。

针对小鳄龟的营养价值进行研究，为研制鳄龟配合饲料提供理论依据。刘翠娥等研究结果表明：组成小鳄龟机体的各部分中肌肉所占比例最高（40%）。肌肉（鲜肉）中，粗蛋白质16.70%、脂肪1.48%、水分79.23%、粗灰分0.80%、无氮浸出物1.79%。在小鳄龟肌肉中有18种氨基酸，占鲜肉总量的14.93%。其中，必需氨基酸占氨基酸总量的44.13%、必需氨基酸与非必需氨基酸比值为0.80。必需氨基酸指数EAAI、氨基酸评分AAS、化学评分CS三项指标分别为80.44、85.00和48.00，蛋氨酸Met+半胱氨酸Cys为第一限制性氨基酸。肌肉脂肪酸中以棕榈酸C 16：0、十八碳一烯酸C 18：1为主，其次为硬脂酸C 18：0、二十二碳六烯酸C 22：6，其饱和脂肪酸含量偏高。同时，在小鳄龟肌肉中，矿物元素含量也十分丰富，特别是钙、锌的含量为养殖动物之最。

很多读者在养龟生产中，疑惑对饲料的选择问题。是选择动物性饲料还是配合饲料？在配合饲料中选择膨化饲料还是粉状饲料？为此，刘翠娥等进行了研究。他们选用的养殖对象为小鳄龟，饲料选择3种，分别是膨化饲料、配合粉料和鲜鱼饵料，这3种饲料的主要营养成分粗蛋白含量分别为44.25%、45.49%和18%，粗脂肪分别为5.04%、5%和1.6%。蛋白质效率[PER=（体重增加量/蛋白质摄取）×100 =（体重增加量/饲料摄取量×蛋白质含量）×100]以膨化颗粒料最好，其次是配合粉料，鲜鱼饵料最差。3种饲料的饲料系数分别为0.86、1.73和5.12，稚龟每增重1千克所需要的饲料成本分别为6.90元、8.65元和6.14元。鲜鱼组的增重慢、养殖周期长，但鲜鱼组的饲料成本最低。膨化颗粒料、配合粉料的蛋白质、脂肪等营养水平很接近，但膨化颗粒料的饲喂效果明显优于配合粉料，主要原因在于膨化颗粒料是通过高温、高压条件制成的。高温高压使饲料中的淀粉、糖类快速降解，破坏和软化了植物饲料纤维结构中的细胞壁，使被包围、结合的可消化物质释放出来；高温高压还钝化了抗胰蛋白酶、尿酶的活性，使饲料中的抗营养因子失活（图1-111）。

单一饲料	配合饲料
* 营养不全面，饲料系数高	* 营养全面，饲料系数低
* 生长速度慢，养殖周期长	* 生长速度快，养殖周期短
* 水质易污染，养殖成本高	* 水质不易恶化，成本降低
* 抗病力差，病害较多	* 抗病力强，病害减少
* 畸形出现率较高	* 畸形很少发生
* 劳动强度大	* 节省人工
* 浪费天然资源	* 提高资源利用率
* 适合小规模养殖	* 便于工厂化养殖
* 能量转换效率低	* 稳定输入、标准化生产

图1-111 为什么要选择配合饲料

3. 鳖的营养价值、药用价值与饲料研究

鳖的营养成分丰富。含丰富的蛋白质、钙、磷、铁、硫氨酸、核黄素和尼克酸等。日本川崎义一等的研究结果表明：鳖肉含有8种人体所需的必需氨基酸，脂肪含量较低，但亚油酸、二十碳四烯酸、二十碳五烯酸EPA、二十二碳六烯酸DHA等含量特别高，特别是维生素的种类和含量有别于一般的畜禽产品。

我们常见的中华鳖与大量从美国引进的珍珠鳖（佛罗里达鳖）的营养价值区别到底在哪？根据黄少涛等的分析研究表明：珍珠鳖优于中华鳖，珍珠鳖的肌肉中蛋白质含量为19.66%，脂肪5.36%；中华鳖的肌肉中蛋白质含量为17.3%、脂肪3.6%。对珍珠鳖的裙边进行分析，裙部的蛋白质含量优于肌肉，含21.86%，脂肪含量较低，为3.68%。珍珠鳖含有18种氨基酸（其中色氨酸会在水解过程中被破坏）。两者均含有人体8种必需氨基酸（即异亮氨酸、苯丙氨酸、色氨酸、苏氨酸、颗氨酸、亮氨酸、蛋氨酸、赖氨酸）和两种人体半必需氨基酸（即组氨酸和精氨酸）；富含有鲜味的谷氨酸，天门冬氨酸和甜味的甘氨酸、丙氨酸。

赖春华研究发现：养殖黄沙鳖的营养价值优于养殖中华鳖，野生黄沙鳖优于养殖黄沙鳖。养殖黄沙鳖粗蛋白含量为21.13%，粗脂肪0.98%；养殖中华鳖粗蛋白含量为20.95%，粗脂肪1.27%；野生黄沙鳖粗蛋白含量为22.48%，粗脂肪为0.65%。养殖黄沙鳖氨基酸总量（20.11%）、必需氨基酸（8.13%）和谷氨酸+天冬氨酸+丙氨酸+甘氨酸等鲜味氨基酸（7.59%），都高于养殖中华鳖（18.92%、7.69%和7.12%）。

温欣等对鳖甲的化学成分与药理进行综述。鳖甲具有18种氨基酸，微量元素、常量元素含量较为丰富，而铅、汞和镉等有毒元素含量甚微，含量较高的依次是钙（231.4毫克/克）、磷和锰（7.128毫克/克），半乳糖含量较高，在生鳖甲和醋鳖甲中分别为2.76%和3.06%。小鼠实验药理研究表明，鳖甲具有免疫调节作用、抗肿瘤作用、预防辐射损伤的作用、抗疲劳作用、抗突变效应、抗肝纤维化作用、补血作用和增加骨密度。

华颖等对中华鳖的营养与饲料研究进行综述。稚鳖对饲料中的碳水化合物的适宜量为21%～28%，对蛋白质需求量为45%～50%。59%的鱼粉配比5%豆粕时中华鳖饲料消化率和增重率最佳。啤酒酵母（粗蛋白50.44%）为蛋白源对中华鳖增重率最佳的添加量是5.3%。何瑞国以150克幼鳖为研究对象，得出氨基酸模式为：苏氨酸2.61%、缬氨酸2.70%、蛋氨酸1.37%、异亮氨酸2.57%、亮氨酸4.51%、苯丙氨酸2.51%、赖氨酸3.94%、组氨酸1.39%和精氨酸3.37%（色氨酸未测）。Huang用二元回归方程分析得出：中华鳖的最适脂肪需求量为8.8%。对维生素的需求量为：维生素C 500毫克/千克，维生素E 88国际单位/千克。饲料中添加钙5.7%、磷3.0%、铁120～198毫克/千克、铜5.0毫克/千克、锌43毫克/千克时鳖的生长速度最快。饲料中添加100毫克/千克L-肉碱，可显著降低中华鳖四肢的脂肪沉积量的27.11%，明显改善了中华鳖的肉质。酵母水解物添加量2克/千克时诱食效果最佳。寡聚糖添加0.2%时可提高中华鳖的日增重和成活率。

第三节　生态系统平衡

龟鳖的生活、生长和繁殖都离不开生态系统，根据生态学定义，生态系统是指生物与环境的关系。龟鳖的生态系统包括两个方面：一是体内微生态系统；另一个是体外生态系统。因此，需要两个平衡，体内平衡和体外平衡。疾病是动物生态系统失衡的表现，故平衡就是健康。如何平衡？在龟鳖养殖中进行生态调控，包括环境调控、结构调控和生物调控。通过调控，促进平衡。从龟鳖养殖核心技术三个要素，即环境、饲料和平衡来说，平衡是核心中的核心，所以说平衡是龟鳖养殖的最高境界。我们养殖者每天都要问自己：今天你平衡了吗？

一、体内平衡

龟鳖的体内平衡包括三个方面：一是氨基酸平衡；二是电解质的平衡；三是菌相平衡。

1. 氨基酸平衡

龟鳖饲料中的蛋白质氨基酸各组分之间的相对含量必须与龟鳖体氨基酸基本需要量之间的相对比值一致。氨基酸各组分之间的相互关系平衡时，氨基酸利用率最高，各种氨基酸数量和比例满足龟鳖生理需要。如果不一致，分两种情况，一是某种氨基酸过剩，即超过再合成蛋白质界限时，其多余的氨基酸将通过脱氨基作用当做能源利用，或作为体脂原料而被蓄积起来。另一种情况是，假如饲料中的某种氨基酸不能满足龟鳖需要量的一半，那么，其他必需氨基酸的含量再高，也要按这个必需氨基酸的半量为基准，按比例合成新的蛋白质。这一机理符合"木桶原理"，其中短板是关键的限制性因子（图1-112）。

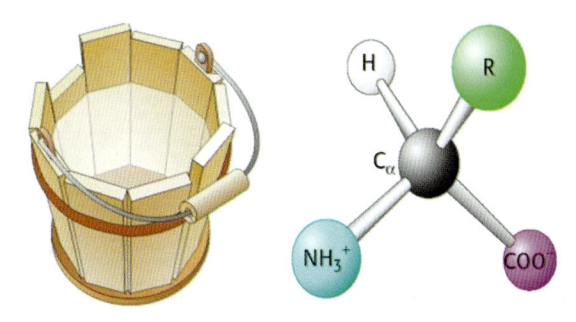

图1-112　饲料中的氨基酸平衡遵循木桶理论

大量研究实践证明：饲料中的氨基酸平衡提高了龟鳖体对饲料的利用率。通过添加第一限制性氨基酸和第二限制性氨基酸取得更好的养殖效果，并通过对龟鳖不同生长阶段、不同营养需求来确定平衡氨基酸的模式，才能提高蛋白质利用率。杨文鸽等研究认为，乌龟肌肉氨基酸中以谷氨酸含量最为丰富，第一限制性氨基酸为异亮氨酸。刘翠娥等研究认为，小鳄龟肌肉中赖氨酸极为丰富，必需氨基酸组成相对平衡，第一限制性氨基酸为蛋氨酸+半胱氨酸。柳琪等研究认为，中华鳖的第一限制氨基酸为缬氨酸。赖春华在他的硕士研究论文中认为，黄沙鳖赖氨酸和亮氨酸最为丰富，第一限制氨基酸为蛋氨酸+胱氨酸，第二限制性氨基酸是缬氨酸。因此，在设计龟鳖饲料配方时应考虑龟鳖机体氨基酸的组成与含量，特别是必需氨基酸的含量与平衡，以及第一、第二限制性氨基酸情况（图1-113至图1-116）。

王永辉等研究结果：中华鳖含有17种氨基酸，其中卵和肌肉中最高，其次是血液及肝脏，胆汁中17种氨基酸总量最低，但牛磺酸含量极高。

赖春华等研究认为：对黄沙鳖与中华鳖肌肉氨基酸含量及组成进行分析比较。结果表明，黄沙鳖肌肉的氨基酸含量比中华鳖稍高，分别为20.11%和18.92%，必需氨基酸分别占氨基酸总量的40.44%和40.55%，鲜味氨基酸含量相当。但是根据AAS和CS，第一限制性氨基酸都为蛋氨酸+胱氨酸，黄沙鳖的必需氨基酸指数高于中华鳖，表明黄沙鳖的蛋白质品质稍优越于中华鳖。

图1-113　中华鳖含有的氨基酸种类

金钱龟可以使用配合饲料。配方的设计依据金钱龟氨基酸等营养的组成和比例，金钱龟肌肉氨基酸的结构和含量究竟如何？李贵生、唐大由和方煜等对此进行研究，已究明：金钱龟肌肉检出的氨基酸有17种，每种氨基酸含量为（毫克/100克）：天门冬氨酸6 905，苏氨酸3 240，丝氨酸2 929，谷氨酸12 740，脯氨酸2 685，甘氨酸2 953，丙氨酸3 483，胱氨酸804，缬氨酸3 534，蛋氨酸1 676，异亮氨酸3 123，亮氨酸6 213，络氨酸2 910，苯丙氨酸3 243，赖氨酸6 190，组氨酸4 130，精氨酸4 294。结果显示，金钱龟必需氨基酸含量较高，是一种良好的蛋白源。

图1-114　金钱龟含有的氨基酸种类

石龟的营养成分决定其营养价值和经济价值，科学研究证实石龟是一种高蛋白、低脂肪，肌肉中含有16种氨基酸的保健食品。朱新平等对此进行研究，分析了黄喉拟水龟成龟的含肉率及肌肉营养成分。结果表明：成龟的含肉率平均为23.4%，内脏平均占体重的14.0%，骨骼平均占体重的39.4%，血液和体液平均占体重的18.4%，脂肪块变动较大。平均占体重的5.0%；肌肉中各物质质量分数平均为：水分79.7%，灰分1.0%，粗脂肪0.3%，蛋白质18.2%；在肌肉16种氨基酸中，必需氨基酸质量分数平均为6.69%，氨基酸总量平均为14.9%；在测出的18种脂肪酸中，不饱和脂肪酸含量平均占64.77%，高度不饱和脂肪酸平均占22.91%。在分析的基础上，讨论和评价了黄喉拟水龟的食用价值，为其配合饲料的研究开发提供了基础数据。

图1-115　石龟含有的氨基酸种类

刘翠娥等针对小鳄龟含肉率和肌肉的营养成分进行了分析。结果表明：组成小鳄龟机体的各部分中肌肉所占比例最高（40%）。肌肉（鲜肉）中，粗蛋白质16.70%、脂肪1.48%、水分79.23%、粗灰分0.80%、无氮浸出物1.79%。在小鳄龟肌肉中有18种氨基酸，占鲜肉总量的14.93%。其中，必需氨基酸占氨基酸总量的44.13%、必需氨基酸与非必需氨基酸比值为0.80。EAAI、AAS、CS三项指标分别为80.44、85.00和48.00，Met+Cys为第一限制性氨基酸。肌肉脂肪酸中以C16：0、C18：1为主，其次为C18：0、C22：6，其饱和脂肪酸含量偏高。同时，在小鳄龟肌肉中，矿物元素含量也十分丰富，特别是钙、锌的含量为养殖动物之最。

图1-116　鳄龟含有的氨基酸种类

2. 电解质平衡

就龟鳖而言，电解质平衡（dietary electrolyte balance，即dEB），是指龟鳖摄入的水和各种无机盐类，以维持正常的生理功能，同时又不断排出一定水和无机盐，使龟鳖体内各种体液之间保持一种动态的平衡。电解质平衡影响机体的酸碱度平衡，显著地影响营养物质的代谢、龟鳖的健康和生产性能。调节日粮电解质平衡，有利于提高营养物质的利用率和动物的生产性能，有利于龟鳖的健康（图1-117）。

电解质定义：凡化合物溶於水能导电者。
酸：硫酸、盐酸、硝酸…
碱：氢氧化钠，氢氧化钙…
盐：氯化钠，硫酸镁，乳酸钙、磷酸二氢钾，硫酸锌，硫酸锰，碘化钾，硫酸钴…

平衡龟鳖体酸碱度的。

饲料中的矿物质包含常量元素（钙、磷、钾、钠、氯、硫、镁）和微量元素（铁、锌、铜、锰、碘、钴、硒），是通过无机盐添加的，其阳离子和阴离子必须平衡。

如果饲料中的电解质不平衡，会导致龟鳖发生内脏囊肿和全身性水肿。

原料名称	用量 毫克
99% KCl	5 007
99.5% MgSO₄·7H₂O	4 580
98.5% FeSO₄·7H₂O	174.0
96% CuSO₄·5H₂O	10.4
99% ZnSO₄·H₂O	47.3
98% MnSO₄·H₂O	76.7
98% KI	0.68
98% CoSO₄·7H₂O	0.97
合计	9 896.58

图1-117　饲料中的电解质平衡

电解质平衡，实质上是阴阳离子的平衡，即日粮中每100克干物质所含主要阳离子（K^+、Na^+、Ca^{2+}、Mg^{2+}）的毫摩尔数与主要阴离子（CL^-、S^{2-}、PO_4^{3-}）的毫摩尔数之差。一般动物的阴阳离子之差（dietary cation-anion difference，DCAD）为250。

在阴阳离子平衡中，动物的体液pH值保持在一定的范围内，一般正常细胞外液的pH值在7.4±0.05范围内，极限范围是7.0～7.7。电解质通过调节体液pH值影响氨基酸的转运和吸收。钾能刺激蛋白质的合成，当饲料钾含量适当提高，可改善卵壳质量。在电解质平衡中，纳、钾、氯被确认为机体平衡最有影响力的元素。维持正常的酸碱度平衡需将体内多余的阴阳离子排出体外，无论是摄入过多的阴离子还是阳离子，都会导致体内酸碱度平衡的失调。

在龟鳖饲料设计时，应考虑钾、钠、氯、硫等各种原料的含量，建立数据库，有条件可以测定原料中的实际含量。在考虑不同龟鳖，不同生理阶段对各种矿物质需要的同时，计算和调节日粮阴阳离子之差（DCAD值），尽量符合该阶段动物最适DCAD值范围。在体液酸碱平衡易被打破时，如夏季热应激，防疫应激，温差应激，惊吓应激，捕捉应激，运输应激，转群应激等，可适当提高日粮阳离子浓度，并可补充电解多维（图1-118）。

3. 体内菌相平衡

龟鳖胃肠道菌群是在长期进化过程中形成并保持微生态平衡的稳定状态，这种平衡对龟鳖的生长发育和抵抗疾病都具有积极的意义。当龟鳖胃肠道微生物平衡失调时，致病菌占据主要生态位的情况下，龟鳖出现生产性能下降和疾病症状。益生菌的

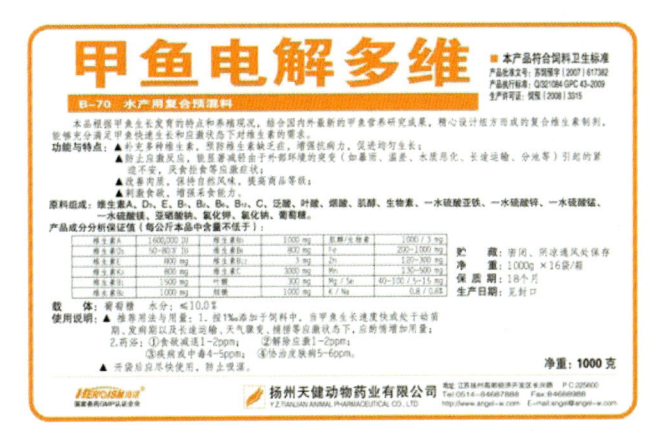

图1-118 扬州生产的甲鱼电解多维

添加，就是将龟鳖体内的微生物区系的"负平衡"校正为"正平衡"，保持肠道内微生物平衡。

益生菌是一种有取代或平衡生态系统中一种或多种菌系作用的微生物添加物。用作微生物饲料添加剂，通过补充动物消化道内的有益微生物，改善消化道菌群平衡而对动物产生有益作用，迅速提高机体的抗病能力、代谢能力和对饲料的消化吸收能力，达到防治消化道疾病和促进生长的双重作用。益生菌目前已确认的有双歧杆菌、乳酸杆菌、芽孢杆菌、链球菌、酵母菌等几种活性的微生物。饲料中添加益生菌，能抑制和排斥大肠杆菌、沙门氏菌等病原微生物的生长和繁殖，从而在动物的消化道中建立以有益微生物为主的微生物菌群，使投入的菌种代谢物中和肠内毒素，降低了动物患病的机会，促进动物健康生长。益生菌还参与淀粉酶、蛋白酶的合成以及B族维生素的合成，减少氨和其他有害物质的产生，从而促进动物的消化吸收，提高饲料的利用率。

益生菌摄入动物肠道内，在复杂的微生态环境

中与近400种正常菌群汇合，显现出栖生、互生、偏生、竞争或吞噬等复杂关系。可改变生物体内的微生物群体，从而大大降低了病原菌占据肠道环境的机会。这一原理叫做"竞争性排斥"或"以菌制菌"，也是将活的微生物产品应用于龟鳖养殖的基本原理。

近年来，益生菌已在养鳖中广泛应用，效果得到肯定。日本应用于养鳖稍早一些，我国正在加紧这方面的研究与开发，将益生菌作为鳖专用饲料添加剂，或用于净化鳖池水质。1997年日本木告先生率先将厌氧性乳酸菌菌群用于鳖饲料中，结果未添加益生菌的池水每周就要换1次，而添加益生菌的养鳖池水每月换1次，不仅保持良好的水质，而且臭气消失了，不仅如此，添加益生菌后，稚鳖的成活率从75%提高到95%以上。国内应用益生菌在养鳖中取得初步成效，杭州市水产研究所用乳酸杆菌和芽孢杆菌等益生菌复合研制开发的"HB"微生物活性制剂，作为鳖的饲料添加剂，使用后，换水率由原来的每月3次减少到1～1.5次，水质条件改善，鳖的消化吸收率提高，饲料转化率可提高8%以上，生长速度加快，发病率下降，经济效益相应提高。

龟类应用目前正在开展。光合细菌（Photosynthetic Bacteria，简称PSB）是具有原始光合成体系的原核生物的总称，是一类以光作为能源、能在厌氧光照或好氧黑暗条件下利用自然界中的有机物、硫化物、氨等作为供氢体兼碳源进行光合作用的微生物。董玉忠等将微生态调节剂PSB添加在试验组巴西彩龟饲料中和泼洒于龟池内。经100天观测，施用PSB的试验组龟的增重率平均为37.5%，饲料系数平均为1.84，对照组分别为27.34%和2.38。表明PSB对巴西彩龟具有促生长和降低饵料系数的作用。由于生物制剂的使用，使得在同一粗蛋白水平下，可利用氨基酸量多，饲料报酬率更高，能改变龟类肠道微生物区系，促进有益菌繁殖，抑制有害菌滋生，还可延长亲龟产蛋高峰期，提高产蛋率，增强机体抗病力，降低死亡率，使其有良好的健康状况，以生产无药物残留的高品质商品龟。今后，益生菌在龟类养殖中的应用，应以复合益生菌为主要研究方向。如将蜡样芽孢杆菌、双歧杆菌等益生菌复合成龟用生物制剂。

EM复合微生态制剂是目前龟鳖领域广泛应用的微生态制剂。EM是英语 effective（有效）和microorganisms（微生物群）的缩写。它是日本琉球大学教授比嘉照夫经过30多年时间研制出来的新型复合型微生物制剂。它是由光合细菌类、酵母菌类、乳酸菌类、丝状菌类、固氮菌类等5个科10个属80多种有益微生物复合配养而成。EM在健康龟鳖养殖中的主要作用：有拮抗致病菌的作用；作为饲料添加剂或在池水中泼洒EM能改善龟鳖的内、外微生物环境；能分泌活性物质，具有抗氧化作用；能增强生物体的免疫力并能促进生物体对饲料的消化、吸收从而促进生长、发育与繁殖。

EM正确的使用方法：拌饲料投喂。每千克饲料用EM 3毫升加糖蜜3毫升，如无糖蜜可用红糖水代替，搅拌均匀之后放置半小时左右，促进菌体活化。而后加水稀释拌饲料投喂，若能隔2～3小时后投喂效果更好。水中泼洒。EM能在pH值3～12的水环境中使用，一般防病每立方米水体用EM 1～2毫升,治病应在10毫升以上,温室养龟鳖水体,全池泼洒EM,用量为每立方米水体5~10毫升,长期使用,水质清新,龟鳖健壮。已感染疾病的龟鳖,用1:100倍液浸洗1~2小时,连用3天。使用时也应先用等量糖蜜搅拌均匀,放置半小时后加水稀释100倍后全池泼洒。使用EM期间,不要使用抗生素、生石灰等杀菌剂或抑菌剂,以防产生逆变,影响EM使用效果。目前在市场上已出现很多商用益生菌,在龟鳖养殖实践中可选择使用(图1-119)。

图1-119 天意生产的EM益生菌

益生元(prebiotics)实际是低聚糖,又称寡聚糖、寡糖(oligosachride)。是指能够选择地刺激肠内一种或几种有益菌生长繁殖,而且不被宿主消化的物质。20世纪90年代以来,我国许多专家学者对益生元在动物营养与防疫中的应用这一领域进行了探索,取得了一系列成果。浙江大学动物学院最早开发成功和通过鉴定并投放市场的"果聚寡糖"(百福素)饲料添加剂,运用酶工程技术合成,由葡萄糖和果糖以β-2,3糖苷键连接而成。该产品不

被胃、小肠的酶消化而完整地到达大肠,被肠内双歧杆菌专一地利用,提高双歧杆菌数量达10多倍,并产生大量的乙酸和丁酸,降低肠道pH值,抑制腐败菌、致病菌以及氨、酚、吲哚等腐败物的产生,调节动物肠道微生态环境,提高机体非特异性免疫力,其添加量仅为0.1%~0.2%。在鳖饲料中添加百福素,饲料系数降到1.3以下,效果十分显著。2000年,笔者使用利康素(异麦芽糖,益生元中的一种),对杭州3个温室24 500只鳖进行保健防病试验,在鳖饲料中添加利康素,连续服用两个月,其中两个温室的鳖未发生任何疾病,另1个温室仅少数鳖发生呼吸道疾病,后用阿莫西林泼洒治疗,很快得到控制,3个温室的鳖均未发生消化系统疾病,生长良好,初步达到健康养鳖的目的(图1-120)。

图1-120 均瑶生产的益生元

合生素(synbiotics)的应用研究具有潜力。合生素是指益生菌和益生元同时并用的制剂。益生元是指能够选择性地刺激肠道内一种或几种有益菌生长繁殖,而且不被宿主消化的物质,如对双歧杆菌

具有促进作用的称为双歧增殖因子，常用的益生元有低聚糖类。采取多种益生菌复合，甚至可采用益生菌与益生元、微量元素等复合，产生综合效应（图1-121）。

图1-121 厦门厂家生产的合生素

二、体外平衡

龟鳖养殖从种苗开始，引进优质的种苗，入池进行养殖，就进入一个新的生态系统。在这个系统中，涉及龟鳖的内平衡和外平衡，就是龟鳖的体内微生态系统和体外龟鳖与环境构成的生态系统，系统中各种因子互相作用，需要不断调节平衡，并构成复杂的物流、能流、信息流和价值流。体外平衡主要有三个方面。

1. 藻相平衡

为龟鳖建立平衡的生态系统。对于露天池塘龟鳖生态养殖，每月3次使用生物肥，就是"高肥"和"藻肽"，一般每次使用1桶10千克高肥＋2千克藻肽泼洒7亩左右的龟鳖池。在种苗下塘一周使用一次离子钙和金维安，前者1瓶500毫升泼洒3亩，后者500毫升泼洒5亩，此后，龟鳖每个月使用一次离子钙和金维安。这样做，可以增强龟鳖免疫力（图1-122）。

图1-122 藻相平衡的水质（吖玉提供）

2. 菌相平衡

从种苗引进，就进行菌相平衡的调节。在种苗放养时使用"110致富菌"1瓶1 000毫升浸泡100千克种苗，浸泡时间5～10分钟。定期每个月使用1次"鱼益菌"，1瓶500毫升泼洒3.5亩龟鳖池。此外，定期使用消毒剂对池塘水质进行消毒，消毒剂的使用与益生菌分开，目的是杀灭有害菌，但对有益菌也有一定的伤害，所以要分开使用。一般消毒剂选用聚维酮碘，1瓶500毫升的聚维酮碘泼洒3.5亩（图1-123）。

3. 氧气平衡

对于工厂化养殖，温室池龟鳖中的水体溶氧上下层保持对流，防止龟鳖缺氧，采用微孔增氧的方法促进平衡，有利于促进龟鳖的生长。为降低生产成本，可使用罗茨鼓风机和PP管，自制增氧系统，在池底部铺设增氧管。每台2.2千瓦的鼓风机可以配套1 000平方米龟鳖池，在增氧管上钻孔1 000个，孔径为0.8毫米（图1-124）。

就养殖生产来说，促进生态平衡有益于龟鳖的健康生长，通过平衡，减少病害。平衡包括三个方面：一是藻相平衡，通过适当施肥，调整水质，使得水体中优良的绿藻等占有主要优势，抑制蓝藻繁殖，获得相对的藻相平衡。二是菌相平衡，在水体中使用微生态制剂，调节有益菌与有害菌之间的比例，让有益菌占有绝对优势，控制有害菌，不让条件致病菌成为危害龟鳖的病原。三是溶氧平衡，溶氧也需要平衡，高温天气下，露天池水体中溶氧分层，形成所谓的"热成层"，在这种情况下，池塘底层常常处于缺氧状态，就是所谓的"氧债"，而水面表层溶氧过饱和，上下层之间需要一个平衡，通过增氧机械运行，上下对流，促进溶氧的均匀分布，去除氧债，获得新的生态平衡（图1-125）。

图1-123 菌相平衡的水质

图1-124 温室增氧

图1-125 露天池增氧

三、生态调控

龟鳖养殖中的生态调控，是为促进龟鳖体内微生态与体外生态系统的平衡而进行的环境调控、结构调控和生物调控。生态是指生物与环境的关系，健康龟鳖的生态处于动态的平衡之中，不平衡就会产生疾病，内平衡受威胁就会出现应激。因此，调节平衡是我们养殖工作者每天都要完成的任务。笔者时常提醒读者的一句话是："今天你平衡了吗？"

1. 环境调控

"环境、病原、寄主（龟鳖）"三者相互作用产生龟鳖病，其中"环境"是病原传播的重要环节。采取"环境调控"的手段，切断环境与病原之间作用的途径，是龟鳖病防治首选技术。养龟鳖温室环境调控主要包括"光、热、水、沙、气"。室外养殖，光照强度一般要求3 000勒克斯以上，对于要求散光或暗环境的品种除外。温室养鳖多采用暗环境，气温33～35℃，水温30～31℃，养龟不低于28℃。恒温控制，促进龟鳖的快速生长。水质要求：水色嫩绿，透明度25～35厘米，pH值7.2～8.0，盐度不超过0.5，氨态氮小于1.0毫克/升，亚硝态氮小于0.02毫克/升，溶氧量4毫克/升以上，总碱度和总硬度均为1～3毫克当量/升，铁小于10毫克/升。

铺沙养殖。目前主要用于山瑞鳖养殖。2014年3月笔者在北海见到一家珍珠鳖温室养殖，采用的是铺沙养殖，他们正在逐步改为无沙养殖。早期的温室养殖中华鳖是铺沙，采用河沙，粒径0.6毫米，大小均匀，通气性好，能适应鳖的钻沙栖息习性。但鳖的排泄物、残饵在换水时难以冲洗清除，长期积累形成"黑沙"、"臭沙"，水体及温室空气中出现恶臭。极有利于病原微生物繁衍；水质污染快，换水频度大，耗热能多，生产成本高；鳖钻沙极易擦伤表皮，当病原体感染伤口时，导致疾病。尽管对水中增氧，但水中的有毒气体（氨、甲烷、硫化氢等）随之排放到空气中，冬天因担心降温，温室内门窗不轻易打开，更加速了温室内环境的恶化，导致龟鳖病发生。出现最多的是白斑病、白点病、穿孔病、鳃腺炎，且不易治疗，死亡率高（图1-126）。

图1-126 铺沙养鳖

无沙养鳖新工艺克服了铺沙养鳖的缺点，鳖的病害明显减少，生长良好。具体要求：水泥池壁和池底抹光，在食台外原铺沙处，距池底20～30厘米的平面用自来水管或木条搭成框架。再在框架上每隔30厘米平行牵直径为5毫米的尼龙钢绳数根。自制"鳖巢"，结在钢绳上，让"鳖巢"垂散在水中，每隔20～30厘米挂一巢。由于无沙，鳖栖息时自行钻进巢里面或巢上面，摄食时会钻出游至食台。巢与池底留有10厘米左右的空间，因此鳖不易擦伤表皮。从生态意义上讲，鳖巢就是鳖的生态位（狭义）。"鳖巢"的制作：选用塑料密眼无结网片制作鳖巢，简便易行，便于冲洗，可反复使用。材料来源广，可大批量生产和购买。在水中不易腐烂，不影响水质。制作时，采用网目直径为0.8~1.5厘米的无结网，按需要裁下若干边长为40厘米正方形网片。将网片中心局部抓起，并用细绳紧扣，让网片四边下垂形成"鳖巢"。每千克无结网可制作4平方米鳖池所需要的鳖巢，因此鳖巢制作成本低。无沙养鳖新工艺，既适用于温室养鳖，亦适用于露天水泥池高密度养殖成鳖。网巢也可以悬挂在水面，不一定在池底。目前，广西北海市一家养殖场已将山瑞鳖和珍珠鳖养殖改为无沙养殖，环境得到根本改善，密度大幅提高，取得较高的经济效益（图1-127）。

针对环境调控，龟鳖养殖在各地出现不同的生态环境和养殖模式。既有仿生态养殖，又有控温养殖；既有整体加温的全封闭温室养殖，又有局部加

图1-127　无沙养鳖

温的保温箱养殖；既有养殖性规模化养殖，又有观赏性微生态养殖；既有PVC板结构池养殖，又有瓷砖结构池养殖。不同的生态环境，共同的生态原理，符合龟鳖生态习性，满足龟鳖对优良生态环境的需要。

最新出现的是利用龟的保护色原理进行体色控制养殖。动物具有保护色功能，就是将自身体色通过生理调节与环境色保持一致，这样可以避免敌害，达到保护自身的目的。变色这种生理变化，是在植物性神经系统的调控下，通过皮肤里的色素细胞的扩展或收缩来完成的。利用这一原理，在广东、广西出现石龟变黑技术，石龟体色变黑之后可以提高市场价值，具有更高的观赏性。技术要点是：将养殖箱内六面换成黑色PP板，进排水管改用深色PP管，形成暗环境，石龟在暗环境中养殖，体色逐渐加深，最终石龟的背部颜色变黑，腹部黑斑更大，显示纯种石龟才有的典型体色特征（图1-128）。同理，墨花鳖是黄沙鳖通过暗环境调控的结果（图1-129）。

对于黄缘盒龟养殖，环境调控同样重要。实践证明，黄缘盒龟可以在室内养殖，也可在室外养殖。室内养殖时不需要阳光直射，但可以靠近窗户，让散光进入养殖环境，满足黄缘盒龟对散光环境的需要，在小生态中可以设置盆景，让龟多一些生态位和隐蔽的场所。在室外养殖，营造仿野生环境，利用矮小树木制造小树林，增加生态位，在龟活动场所的四周设置龟窝和产卵场，泡澡池设置在活动场内，可模拟溪水制造等温微流水，串联泡澡池。为便于清洁，食台设置在活动场所的中央，纵向多路安排，水泥浇筑，呈"V"字形，便于排污和操作人员行走（图1-130和图1-131）。

图1-128　石龟变色（龟之家提供）

图1-129　墨花鳖

第一章　核心养殖技术

图1-130　黄缘盒龟仿野生环境

图1-131　黄缘盒龟泡澡池

53

实例：室内养殖黄缘盒龟颠覆传统的露天养殖，利用房间的一角就可以进行养殖，苏州沈先生就采用这种方法养殖多年，取得很多经验。

（1）主要技术路线：亲龟雌雄分开养殖，雄龟单养在一只只塑料筐中，只是在雌性发情时将雌龟人工移入雄龟养殖筐中进行交配，观察交配成功后，将雌龟放回原池，这种方法可以确保受精率和减少雄龟比例，受精率几乎是100%，不仅是全新技术，也是核心技术；雌龟群养，通过投饵驯化，增强与人的互动性，笔者在现场看到龟会追随人的手指等待食物。在雌龟池中设置产卵床，雌龟通过引坡进入产卵床产卵，设置雌龟活动区、龟窝和盆景，在活动区中央，可以见到从窗户射入的阳光，黄缘盒龟会自动随着阳光在活动区中的变化而移动，适当的晒背有助于龟补充光照，合成维生素D，有助于对钙的吸收，但室内散光是主要环境，黄缘盒龟喜欢这样的环境，光线的强弱可以通过窗帘来调节。

（2）养殖池结构：用PP板围成长方形龟池，大小因地制宜，充分利用室内空间，由地面竖起的无毒PP板高度40厘米，接缝焊接，在龟池两侧制作龟窝，钢筋支架，PP板封顶，在一侧延伸一个产卵床，由引坡通入，产卵床的围栏PP板比活动区高10厘米。活动区地面铺设塑料网格，产卵床中铺细沙，沙子厚度20厘米。在养殖区内设置数个盆景，增加生态位。区内设置3只泡澡池，采用低位的长方形塑料盆。雄龟采取单养的方法，因此采用大型塑料筐另放。

（3）食物结构：主食为配合饲料+西红柿，适当给予香蕉、苹果等，偶尔投喂牛肉等。

（4）水质：使用等温后的自来水。将自来水预先放入配备的盛水容器中，经过自然升温，与自然温度一致后，才用于黄缘盒龟的饮水、泡澡等，避免温差应激发生。

（5）孵化方法：采用蛭石作为孵化介质，主要优点是含水率高，湿度稳定，通气性好。一般用泡沫箱内置5～8厘米厚蛭石，龟卵排列在蛭石上，可以露出蛭石表面，也可以埋入蛭石。蛭石使用前用聚维酮碘浸泡消毒，再用清水过一遍后，经晾干就可使用。采用自然温度孵化或控温孵化都可以（图1-132和图1-133）。

图1-132　室内养殖黄缘盒龟

图1-133　室内黄缘盒龟可以正常繁殖

石龟池设计，要求摄食、活动与产卵分开，便于环境调控，保持卫生（图1-134）。

图1-134　石龟池的设计——摄食、活动、产卵三分开

2. 结构调控

包括平面、立体、时间和食物链等结构调控。

（1）平面结构调控。一般根据放养密度确定：温室内稚体龟鳖养至幼体龟鳖，每平方米放养20~30只为宜。低密度放养15只/米²。高密度放养50只/米²。成龟鳖放养，土池3~5只/米²，水泥池5~8只/米²（高密度8~10只/米²）。亲龟鳖池放养，0.5~2只/米²，一般1只/米²（图1-135）。

（2）立体结构调控。温室建池，单层或多层。目前，江浙一带的全封闭温室已由多层改为单层结构；广东、广西局部加温的保温箱采用多层架构。家庭控温养龟鳖，规模较小，用电加温，采用多层池结构合理，经济合算，充分利用空间和热能，降低成本。北海一家养殖场，主人张正猛告诉笔者，他的温室养殖珍珠鳖试验密度高达217只/米²，生长良好，像北海这样的特殊情况，一般不要去模仿，这是从鳖苗养到幼鳖的一种方法，高密度时水质容易污染，给饲养管理与疾病控制带来一定的困难（图1-136和图1-137）。

（3）时间结构调控。龟鳖温室养殖稚幼甚至全控温养成，快速生长，都是加温打破龟鳖的冬眠习性的结果。亲龟鳖在自然温度下，繁殖时间江浙一般为5月下旬至8月上旬，时间短，产卵少。同样，采取加温解除冬眠的方法，将亲龟鳖移入温室养殖，早繁并延长产卵时间，继续坚持，可周年产卵繁殖。1996年周洄在安徽宣州市寿康特种水产养殖公司进行鳖冬季控温人工繁殖试验，利用现有养鳖温室，强化产后亲鳖的秋后培育，打破其冬眠习性，使之在冬季交配产卵，以提高亲鳖的利用率。并于10月8—10日亲鳖移入温室，水温、气温均控制在（30±1）℃，至第二年5月18日将亲鳖移入室外亲鳖池，培育、孵化过程中共死亡亲鳖3只，成活率为96.2%，亲鳖增重19.5千克，净增重率为22%。他们在做好控温投饲、水质管理、疾病防治和产卵孵化等一系列工作后，亲鳖从1月18日开始产卵，至5月16日产卵停止，共产卵223窝，计3 118枚，平均每窝14枚，其中受精卵2 980枚，受精率95.5%，平均每只亲鳖产卵52枚，至7月1日共孵出稚鳖2 749只，孵化率92.2%，稚鳖规格2.4～4.8克。冬季控温进行鳖的人工繁殖，产卵期长达4个月，且产卵量是自然喂养产卵的2倍，这就极大地提高了亲鳖的利用率，同时也降低了养殖成本，提高了经济效益。采用鳖冬季控温繁殖技术，在生产上具有重要意义，稚鳖出壳后，室外气温逐渐升高，适于生长，至10月初其体重基本可达到100～150克，最大个体可达

图1-135　温室平面结构

图1-136　立体多层架构养殖

图1-137　高密度养殖出来的幼鳖

200克左右。祝培福、郑向旭和姚建华（1998）也进行了鳖的冬繁试验，他们主要采取保持水温30℃、气温32℃，增加人工光照的方法，模拟日光的复光源，人工灯垂挂在鳖池食台的正上方1.5米处，具有明显的可使温室鳖提前产卵并增加产卵量的作用，比不设任何光源的对照组增加2倍多，不管是复光源还是单光源，对鳖的受精率和孵化率都没有影响。同样，上海崇明大新养鳖场，亲鳖与稚鳖同时移入温室养殖，结果第二年1月14日就开始产卵，其产卵场设在温室池的一角。时间结构调控调整鳖的放养时间，商品鳖避开销售旺季，在淡季上市，以取得好的经济效益。实行周年繁殖、周年生产、周年上市。笔者了解到，龟类打破冬眠，同样达到早繁的效果。在广东、广西，茂名、阳春、钦州、贵港等地对佛鳄龟缩短冬眠周期，繁殖提早，龟苗健康，早上市，赢得市场主动，获得较高收益。自然温度下，广东、广西的龟类繁殖要比江浙早一个多月，龟类繁殖正常，同样取得市场积极效果。因此，龟类繁殖的重点地区已经从江西、湖南转移到广东、广西。而江浙一带适应商品龟鳖的养殖，繁殖不具备自然优势。

鳄龟利用时间结构调控原理，近年来取得重大突破，已成为龟鳖养殖核心技术之一。鳄龟从美国引进之后，经历了3个阶段：第一阶段是鳄龟分大鳄龟和小鳄龟两个品种同时引进，小鳄龟分4个亚种，但是引进的小鳄龟主要是北美鳄龟和佛罗里达鳄龟，不分亚种的大量引进，并进行适应性养殖试验。第二阶段是大小鳄龟两个品系进行繁殖试验，大鳄龟由于要11年以上才能性成熟，周期长，部分养殖者放弃养殖，转向小鳄龟的繁殖，但这一阶段的繁殖技术不是很成熟，一般只能产一窝，因此部分养殖者放弃。第三阶段小鳄龟分亚种，将普通的北美鳄龟养成肉用龟上市，普及到各个饭店和乡间小镇餐馆。但佛鳄龟也就是佛罗里达亚种的小鳄龟被优选出来，进行多次繁殖试验取得成功。尤其是两广的钦州、阳江和茂名等地区，技术比较成熟。笔者在阳春市和浦北县现场调查了佛鳄龟早繁和多次产卵的现场，鳄龟在当年11月7日就开始产卵，一直产到第二年的4月。一只亲龟年消耗饲料成本只有47元，而产苗成本很低，平均每只鳄龟苗只有0.6元，这样的核心技术，具有巨大的生产潜力和较高的经济效益，核心技术破解了鳄龟繁殖高产之谜，低成本高效益，不管市场如何变化，核心技术就是市场竞争力。

实例：以浦北陈金全养殖的佛鳄龟繁殖核心技术为例，笔者亲自到养殖现场调研，获得其成功的奥秘，与读者分享。2015年3月28日，笔者专访钦州市浦北石冲镇佛鳄龟养殖大户陈金全，他专门养殖佛鳄龟，2004年开始，已从事养龟11年。他不断探索佛鳄龟繁殖技术，在早繁佛鳄龟苗技术方面全国领先。2015年3月底，他的佛鳄龟苗售出价每只300元，主要是阳江人收购，再进行网上出售，最终售价每只500元。年盈利300万～500万元。根据他的介绍主要经验有：

a. 佛鳄龟一定要选背甲盾片放射纹明显，纹路呈180°的那种龟，繁殖力较强，年产卵两次。

b. 佛鳄龟要选体重十几斤以上的大龟，这样的龟产卵多。

c. 佛鳄龟在池塘中试验雌雄混养，交配不好，繁殖力较低。

d. 不断淘汰那些产卵少，水中下蛋的鳄龟。

e. 鳄龟不喜欢在沙中产卵，喜欢在泥中产卵。一般要用堆积的黄泥，每次产卵后要疏松泥土，浇水加湿，并在土上放置树枝，这样龟会钻进树枝中产卵，树枝作为龟的隐蔽物，给龟提供安静的产卵场所。

f. 佛鳄龟公母分开培育，公龟单养，母龟可以单养，也可以混养。如果混养，一般每10平方米放养50只亲龟，就是每平方米5只，注意在水面放养水葫芦，由于龟密度较大，池水较浑。尤其是他采用了一种精养的方法，就是不仅公龟单养，有一部分在大棚里的优质母龟也实施单养，目的是减少母龟混养中的撕咬损伤，以确保更高的繁殖率。精养后，每只母龟可产卵100枚以上。交配使用人工方法，将母龟移到公龟箱中，经过两次交配，受精率很高。公母龟比例为1：25（一般分养1：6，混养1：2），创全国之最。这种公母分养技术需要大量人工，因此在繁殖季节需要请工人。今后将改进方法，使用电子监控，观察龟的发情与交配，以便合理安排。

g. 早繁技术关键是冬季打破冬眠，采取大棚加温培育方法。一般控温在20℃，使用防爆远红外灯加温。

h. 孵化技术比较简单可靠。具体是使用蛭石作为孵化介质，在泡沫箱中，在箱盖的下面安装15瓦白炽灯加温，为防爆，用制作纸箱的厚纸包裹灯泡，控制蛭石温度为27℃，他认为温度过高会发生卷尾、畸形等。27℃下一般70天左右就能孵化。关键技术是蛭石与水的比例为1：0.7，中途不需要对蛭石加湿，不进行空气加湿（图1-138至图1-146）。

图1-138 佛鳄龟早繁现场

第一章　核心养殖技术

图1-139　陈金全佛鳄龟早繁亲龟的选择

图1-140　鳄龟背甲盾片贝壳纹

图1-141　鳄龟喜欢在草丛中产卵

59

图1-142　鳄龟早繁产卵现场

图1-143　鳄龟卵

图1-144　2011年11月7日陈金全养殖的鳄龟开始产卵

图1-145　鳄龟卵使用蛭石孵化

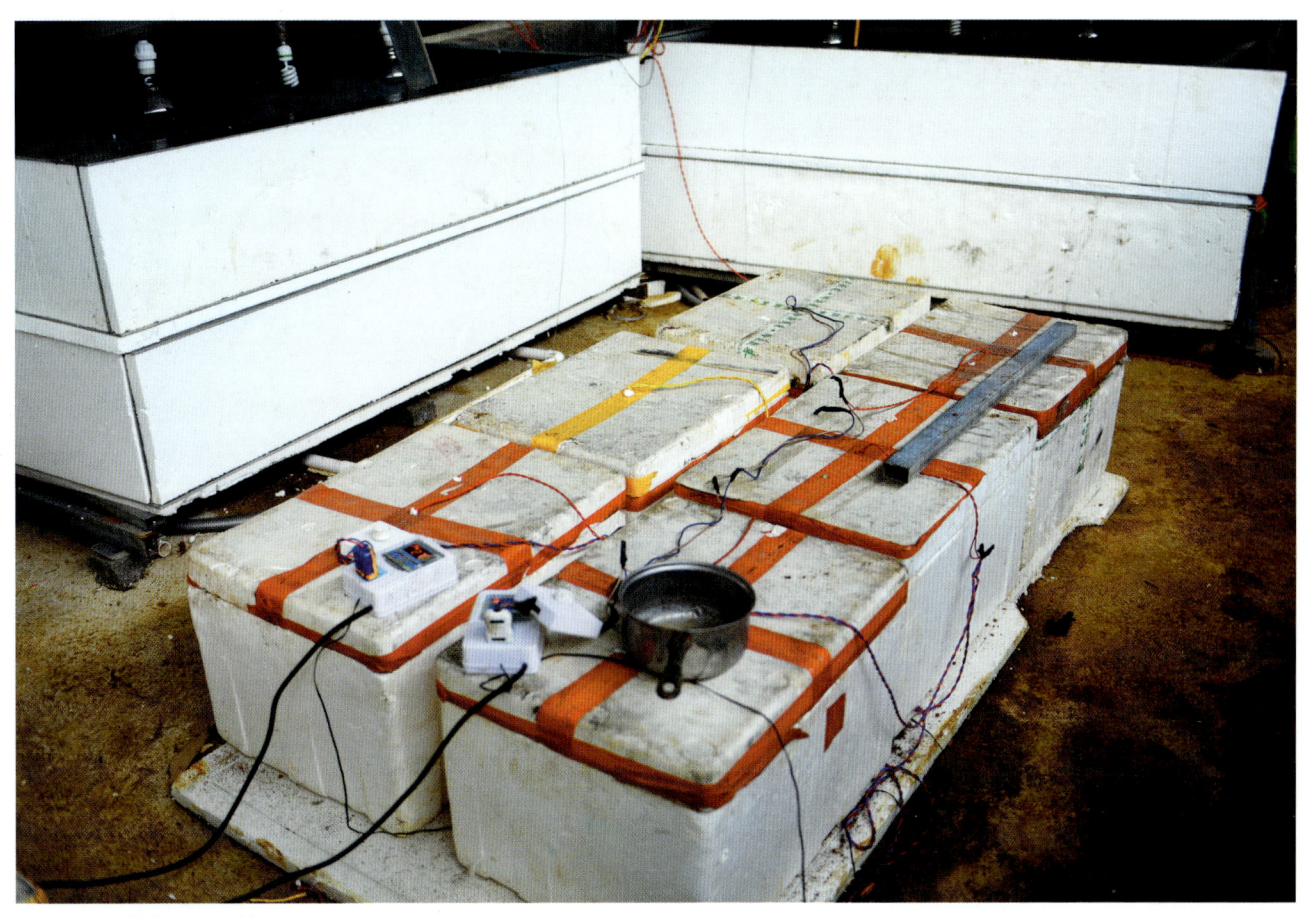

图1-146　鳄龟卵孵化箱

（4）食物链结构调控。在生态良性循环中，采用"加环"技术，将蚯蚓引入龟鳖养殖生态食物链中，是食物链结构调控方法之一。蚯蚓繁殖极为迅速，作为龟鳖的活饵料，对龟鳖适口性好，降低饵料成本，值得大力开发利用。因蚯蚓是龟鳖喜食的高蛋白优质饲料，它能改善龟鳖的品质，增强龟鳖的抗病能力。自己养殖的蚯蚓，来源卫生，饲喂龟鳖，不用担心病原问题。

这里重点介绍一下良种蚯蚓——日本大平2号蚯蚓。近年来，随着特种水产养殖业的迅猛发展，蚯蚓作为重要的饲料蛋白源供不应求，深受广大养殖者的青睐。日本大平2号蚯蚓产量高，年亩产可达2～3吨。日本大平2号蚯蚓个体较小，一般体长50～70毫米，直径3～6毫米，稀养体长90～150毫米。体表刚毛细而密，体色紫红，并随饲料、水分、光照等条件的改变有深浅色的变化。它的特点是"三

喜三怕"：喜温、喜湿、喜空气，怕震动、怕触动、怕光。优点是体腔厚、肉多、寿命长、易饲养、适应性强、繁殖率高。其干体含粗蛋白66.3%、脂肪7.9%、碳水化合物14.2%，不仅蛋白质含量高且氨基酸组成齐全。每100克蚓体含胡萝卜素92微克、维生素B_1 0.25毫克、维生素B_2 2.3毫克及维生素D、维生素E、蚯蚓素、蚯蚓解热碱、黄嘌呤、锰和铁等微量元素，铁的含量是鱼粉的14倍。完全可以代替进口鱼粉。在粗饲料中添加5%～8%的蚯蚓粉，可使禽畜及鱼类的生长速度提高15%以上。蚯蚓具有特殊气味，是黄鳝、龟鳖等特种水产动物特别喜食的一种饵料，起到了良好的诱食作用。值得一提的是，鱼粉腥味重，龟鳖等特种动物长期使用以鱼粉为主的小厂生产的营养不够全面的配合饵料后，肉质异味重，鲜味少。如果在龟鳖饲料中适量添加蚯蚓后，龟鳖的肉质变得鲜美，甚至有野味，品质相应提高。主要原因是日本大平2号蚯蚓富含谷氨酸，占氨基酸总量的8.21%。

养殖日本大平2号蚯蚓场地要选靠近水源和交通方便处。可利用农村家前屋后空闲地或林间隙地。养殖面积较大可安装自来水、潜水泵或自动喷水器。蚯蚓养殖床宽度因地制宜，一般以5米宽，中间走道留70～80厘米。如用板车将畜粪运入蚯蚓床的，则宽度相应增加。走道两边两条蚓床，各宽1.5～2米，床高20厘米左右，长度不限。两侧开沟利于排水。事先将久存自然发酵的畜粪，最好用通气性好的新鲜牛粪，以条形状施放20～30厘米宽，留空10～15厘米放蚯蚓种。在放养蚓种前要用水浇透蚓床面，每平方米放养蚓种2千克，放好蚓种后，在上面加盖稻草帘起保湿通气防暑防冻作用。还要补浇些水，以利行动慢的蚯蚓钻入。饲养管理要点：通气。适时添料呈梅花形，空隙要留6～8厘米，雷雨期间保太平；保湿。在蚓床上覆盖草帘或稻草，并经常洒水保持潮湿。掌握蚓床基料含水分30%～50%（手捏蚓粪指缝有滴水，约含水分40%）。夏季每天下午浇水1次，凉爽期3～5天浇1次水，低温期10～20天浇1次水；防寒。日本大平2号蚯蚓能自然越冬，为使冬季寒冷天气蚯蚓照样能生长繁殖，要采取相应的保温措施，在蚓床已覆盖草帘的上面再加盖一层塑料薄膜保温，这样日本大平2号蚯蚓不仅能顺利越冬还能正常生长繁殖；繁殖。在平均气温20℃时，性成熟蚯蚓交配7天便能产卵，经19天孵化出幼蚓，生长38天便能繁殖。全生育期60天左右，因此，要勤添蚯蚓最喜食的牛粪等饵料，促进其吃食增、生长快、产卵多，提高孵化率和成活率；采集。保持合理密度，保证繁殖基础；防天敌。在蚓床周围拦上密网，并在网外围每70厘米放置1包三面包好一面敞开的蚂蚁药，使药味慢慢散出；生态效益。日本大平2号蚯蚓良种，采用高产技术措施，如EM生物技术，试验组比对照组增产27%，年亩产超3吨。培育1吨鲜蚯蚓，能吃掉有机垃圾及粪肥等80吨，正是变废为宝，使生态食物链"加环"，形成良性循环。开发蚯蚓蛋白源，促进特种水产养殖等产业发展（图1-147）。

3. 生物调控

龟鳖的品种选育、杂交改良、分级饲养、免疫防病、饵料中添加防病药物和促进生长繁殖的添加剂等都是生物调控技术。一方面要注意改善环

第一章 核心养殖技术

图1-147 笔者进行的蚯蚓养殖试验

境;另一方面要进行龟鳖的选育,培育抗病力强的优势种。对于杂交改良,笔者认为对于龟类,限于观赏龟领域,在养殖龟类不要随意进行杂交,以防基因混乱,品种杂化,破坏种群纯度,不利于原种延续。针对鳖的生产,进行适当的杂交,获得高产抗病优势,是可以的。比如台湾鳖与日本鳖杂交,黄沙鳖与日本鳖,黄喉拟水龟与中华草龟杂交等(图1-148和图1-149)。但需注意,杂交不是唯一推动高产高效的措施,要靠品种育种提纯、改善环境,饲料营养平衡,生态防病等追寻根本的核心技术。免疫防病是生物调控的有效方法之一,问题是疫苗的提纯与成本。免疫保护是通过人工提纯"抗原",经灭活后制作疫苗,如果是抗病毒疫苗,还需要灭菌,通过注射等途径进入龟鳖体内产生抗体、提高龟鳖免疫力来达到抵御疾病的目的。一般的土法疫苗容易制作,成本比较低,而通过细菌培养提纯制作的疫苗效价高,成本也比较高,并且制作过程复杂。不管是哪种疫苗,首先要进行安全试验,接下来是测试疫苗的效价,最终结果看保护率。至今,还没有100%保护率的疫苗。因此,疫苗要科研单位来做,不是生产者能制作的。不要过分依赖疫苗,要从品种的来源、饲料的营养、环境的优化和平衡的控制等方面提高科学养殖水平,

图1-148 黄喉拟水龟与中华草龟杂交

图1-149 黄喉拟水龟与中华草龟杂交腹部

63

促进龟鳖健康，提高抗病力。对于饲料中添加防病药物，要符合国家相关规定，绝不能使用耐药性强的药物，更不能使用国家禁用药物。促生长提高繁殖率的添加剂也可以添加，同样要注意不能随便添加，要使用无残留、无污染、无副作用的添加剂。比如复合维生素、电解多维等有利于龟鳖体内平衡的添加剂。

实例：2014年7月27日，山东聊城的一家养殖场，中国龟鳖网技术负责人胡立国在上海海洋大学的指导下，进行鳖白底板病的免疫注射防病。使用土法疫苗，剂量0.5毫升，对400克以上的鳖行腹腔注射，对公司养殖的鳖注射疫苗，注射后未见鳖的死亡。制作材料由该公司提供，疫苗由上海海洋大学提供（图1-150）。

图1-150 鳖白底板免疫注射防病

Chapter 2
第二章
疾病诊疗技术

目前，龟鳖疾病逐渐增多，归结起来，有常见性疾病、疑难性疾病与应激性疾病三大类。在《中国龟鳖产业核心技术图谱》一书出版后，笔者接受了大量咨询。这些疾病经过笔者的诊断和治疗的指导，龟鳖得到康复，并用微信平台进行发布，很多读者看不到具体的治疗方法，此书的出版将这些方法首次公开，以实例的形式与读者见面。在此强调的是，笔者采用的是对因治疗科学方法，与一般的对症治疗不同的是，查找发病原因，对因治疗，力求治本。其中一些病例，如肿瘤病、晚期病和白眼病等疑难杂症，通过核心技术治疗，有的"起死回生"，是对因治疗取得的效果。笔者在浙江安吉的一家黄缘盒龟养殖者那里了解到，一只龟由于上年农忙季节无人管理，龟喝了脏水，冬眠后龟的眼睛凹陷，精神很差，停食，找到病因后，进行注射药物治疗后治愈。"起死回生"的另一个病例，是广西北海的一只漂亮的黄额盒龟，可以回眸主人，令人喜爱，但是应激性白眼症状出现后，龟四肢变软，眼睛发白，头部垂地，生命垂危，在这种情况下，笔者帮助找到其发病原因，在笔者指导下进行对因治疗，结果经过注射治疗，龟奇迹般地活下来，睁开眼睛，并逐渐恢复摄食，回到健康状态。

第一节 常见性疾病

龟鳖病发生后，对龟鳖医生来说，有3种不同的看病方法。第一种是用手看病；第二种是用脑看病；第三种是用心看病。

（1）用手看龟鳖病，就是看病不看龟鳖。这种方法是不用看龟鳖，根据养殖者怎么说，就怎么用药。有时养殖者来电咨询，网上提问，无任何图片，更别说看活体。或在现场按养殖者所讲什么病症，就马上用药，好像药到病除。在治疗的过程中，也不看龟鳖的发病症状和表现，"目无龟鳖"。

（2）用脑看龟鳖病，就是看病又看龟鳖。这种方法在看病的时候，首先要观察龟鳖的外表症状，淤血内伤，神态表现，大便形态，查找病原体，察看养殖环境。远程看龟鳖病时，一定要看发病龟鳖图片，甚至视频文件，对已夭折的龟鳖进行解剖分析。通过诊断，对症下药。但这种方法在诊治龟鳖过程中，不去询问养殖者的养殖方法，不研究发病背景，简单地从环境、病原体和龟鳖三者关系中找原因，一般喜欢去化验发病龟鳖和水质，可称为："目中无人"。

（3）用心看龟鳖病，就是看病，看龟鳖，还要看养殖者。这是看龟鳖病的最高境界。在看龟鳖病的时候，不仅看症状，看龟鳖的表现，还要了解养殖者的养殖方法，龟鳖病的发生背景，仔细查找发病原因，是否有不当的操作方法等。一般从养殖环境、饲料卫生、等温控制方面找应激原，还要从龟鳖与外界、龟鳖自身两个生态系统找失衡因子，龟鳖的生态系统受威胁的根源。最后确诊，对因治疗。同时，根据发病原因，制定预防措施，以防为主，防治结合，注重生态平衡，只有这样才能治标又治本。

一、常见性龟病

1. 龟氨中毒

龟发生氨中毒，一般温室养殖较为常见。主要原因是温室内换水不及时，水质恶化所致，水体中有毒的氨氮和亚硝酸盐含量升高，引起龟氨中毒，严重时会发现死亡。龟死亡时一般前肢弯曲，因此，又称"曲肢病"。

实例1：2012年9月12日，浙江湖州市下昂社区一家养殖者发生鳄龟氨中毒，并造成死亡（图2-1）。2012年4月16日广州养殖者天道酬勤反映，他养殖的鳄龟发生氨中毒，并造成部分死亡（图2-2）。他采用的是局部加温方法，每次换水一半。病发后，龟主咨询笔者，给予建议：及时换水；注意等温；泼洒维生素C，浓度为5毫克/升。结果病情缓解，不再出现死亡。

图2-1 浙江鳄龟氨中毒

图2-2 广州鳄龟氨中毒（天道酬勤提供）

实例2：2011年4月3日，广东茂名养殖者谢斌反映：第一次养龟，去年引进石龟苗200只，采用局部加温方法，现在已经长到200～300克。最近两天死亡两只，并有几只脖子发红、溃烂的样子。查找原因是使用深井水，水温24℃，直接使用到加温箱中，尽管不打开盖子，直接注入新水，时间较短十几分钟，但还是有应激，因为温箱中控温30℃，在不打开盖子的情况下换水24℃的井水，因为箱内气温较高，进去的井水一下子可以由24℃升到27℃，再过十几分钟就可升到30℃，有温控仪控制温度，采用陶瓷灯加温。这是应激原之一，温差6℃。上个月因为深井第一次打得不深，遇到石头就不打了，井水不够用，结果换水由每天两次改为1次，此前用自来水，这个月深井钻深了，达到45米，结果水够用了，从这个月起每天换两次水，虽然这样做了，但上个月换水少感觉箱内较臭，氨中毒现象发生了，这个月病症表现出来，死亡的两只龟前肢弯曲，显示氨中毒典型症状（图2-3）。建议治疗方法：等温换水，并用维生素C 10毫克/升和罗红霉素3毫克/升分别泼洒。2011年4月19日，谢斌反馈：石龟应激和氨中毒并发症被控制并已恢复正常摄食（图2-4）。

图2-3 龟氨中毒（谢斌提供）

图2-4 龟氨中毒已痊愈（谢斌提供）

2. 龟水霉病

实例1：2012年7月6日，广东茂名市霞洞镇网友chaser反映，他养殖的鳄龟苗，买回来一周左右的时间，发现全身长毛已有3、4天时间，认为是水霉病（图2-5）。据了解这些鳄龟苗养殖在室内，池水温度29~30℃。从鳄龟苗体表上的病灶观察，笔者诊断为水霉病。治疗方法：使用亚甲基蓝全池泼洒，终浓度为3毫克/升，每天1次，连续两次。

实例2：2012年1月12日，上海网友虫虫反映，她养殖的鳄龟是去年拿的苗，苗拿回来后就放进新砌的水泥池（水泥池只用水浸了半个月而已），不久就有这样的情况了。陆陆续续死了150余只，现在还有3只是这样的情况，其他的放到大盆里情况已稳定。根据图片上病灶进行分析，笔者确诊为水霉病。具体的治疗方法：用毛刷刷除水霉菌，并用生理盐水清洗病灶。用达克宁涂抹，反复多次，每次涂药后需要干放一段时间；用亚甲基蓝全池泼洒，终浓度为3毫克/升。

实例3：2012年10月13日，广西钦州洪志伟养殖的石龟苗发生水霉病（图2-6）。根据笔者的建议进行治疗：用毛刷刷除龟体表的水霉；用亚甲基蓝全池泼洒，浓度为3毫克/升；对于个别严重的石龟苗可用达克宁涂抹。

图2-5 鳄龟水霉病（chaser提供）

图2-6 石龟水霉病

3. 龟白点病

实例1：2012年10月10日，广西钦州养殖者行者反映，他养殖的乌龟发病，发来图片，诊断为乌龟白点与疖疮并发症。发病原因是喂食物过多，且吃剩的食物没有及时处理，水体污染，龟抢食弄伤以致感染。笔者依照《龟鳖病害防治黄金手册》第2版对病龟进行治疗，具体过程：疖疮：用牙签挑除豆腐渣样物，在伤口涂抹甲紫溶液，干后涂抹金霉素眼药膏；白点：发病后彻底换水，用0.4‰食盐水全池泼洒，并投喂维C和土霉素。结果痊愈（图2-7）。

图2-7 乌龟白点与疖疮并发症治疗前后对照（行者提供）

实例2：广东顺德郭志雄养殖的黄缘盒龟发生白点病。2014年7月17日，笔者根据龟主的反映，一只黄缘盒龟大苗发生白点病，主要病症为龟头颈两侧各有一个白点，外面硬结，里面有脓状物质（图2-8）。经过手术治疗，打开病灶，将白色浓状物刮除，分两次刮除干净。手术前后，使用消炎药物，防止感染。经过约两周时间，龟彻底痊愈，并已恢复摄食（图2-9）。

第二章 疾病诊疗技术

图2-8 安缘苗白点病治疗前

图2-9 安缘苗白点病治愈后

4. 龟腐皮病

一般，腐皮病是一种细菌性疾病，是鳖体表常见的传染性疾病，也能感染龟体表成为龟类腐皮病（图2-10）。目前发现受感染的龟类有锦龟、剃刀龟、黄缘盒龟等。感染后的龟背部、腹部、脚部甚至头部皮肤腐烂，龟的生长和繁殖受到严重影响，严重的腐皮病如果感染到龟的头部，会造成一定的死亡。在治疗中，严重的腐皮病已成为疑难病症，需要科学有效的方法进行治疗。

治疗方法：对于不太严重的腐皮病，可以在清除体表腐烂的病灶后，涂抹红霉素软膏；对于严重的腐皮病采用药物浸泡，具体为：第一天用头孢噻肟钠3克+地塞米松1毫克+2升水的药浴，第二天用青霉素320万国际单位+1升水浸泡，然后腐皮脱落，逐渐痊愈。

在低温和清水环境下，可能诱发真菌性腐皮病。对于真菌感染的此病，就要用另一种方法进行治疗。首先，刮除病灶，接下来用达克宁软膏涂抹，最后并用克霉唑浸泡，浓度为0.03%。关键点是使用达克宁涂抹后要干放4小时左右，浸泡药物可以长时间进行，换水换药。由于是真菌引起，在治疗期间，不得使用抗生素。

图2-10 锦龟腐皮病

5. 龟疖疮病

实例1：2012年广东茂名沙琅镇养殖者梦云反映，她养殖的鳄龟发生疖疮病（图2-11），经过笔者指导治愈。治疗方法是：挖出病灶里的腐烂物质，用聚维酮碘涂抹，再用达克宁涂抹3天，之后用红霉素软膏涂抹3天。

实例2：2012年10月20日，北海陈俊豪养殖的鳄龟苗发生疖疮病。病情比较严重，疖疮与腐皮并发（图2-12）。此前用"黄金败毒散"治疗，效果差，易复发，对于能摄食的部分有自愈的情况，最怕不摄食的。体表疾病一般是因环境恶劣造成的。注意消毒，改善环境。常用消毒药物是食盐、聚维酮碘、二氧化氯、生石灰等都可以。因此，笔者建议治疗方法是：挖出疖疮中的腐败物质，豆腐渣之类；并用双氧水清洗干净；用达克宁涂抹两天，每天多次；接下来用红霉素软膏涂抹3天；治疗期间干养为主，每天适当下水1～2小时。

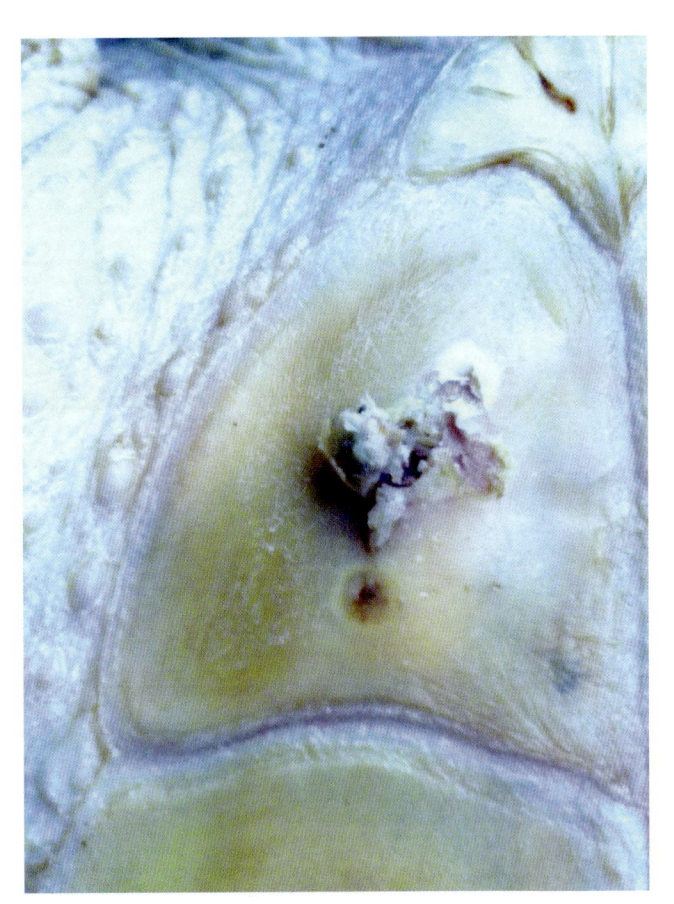

图2-11 龟疖疮病（梦云提供）

图2-12 龟疖疮病（陈俊豪提供）

实例3：2013年5月8日，深圳养殖者彭俊反映，他从市场上买来鹰嘴龟病龟，主要是疖疮病，龟下巴和腹部有病灶，其腹部有穿孔迹象，部分皮肤受损有发炎现象，并且不活动，不觅食（图2-13）。2013年5月23日，龟主反馈，经笔者指导，使用达克宁及红霉素各涂抹3天后，炎症明显消失，龟已恢复活力并觅食互动（图2-14）。

图2-13 鹰嘴龟疖疮病治疗前（彭俊提供）

图2-14 鹰嘴龟疖疮病治愈（彭俊提供）

6. 龟腐甲病

实例1：2012年，江西宜春养殖者晏祖民反映，他养殖的鳄龟出现烂甲病（图2-15）。共养殖鳄龟48只，最重的近9千克，小的3～3.5千克，平均4.5千克左右。烂甲比例100%，其中近十几只烂甲比较严重，龟精神萎靡不振，不吃食。主人用碘酒消毒，再用百多邦外擦，效果不明显。笔者建议治疗方法：将烂甲病灶挖干净，用生理盐水清洗后，涂上青霉素原粉，之后用创可贴封住；肌肉注射左氧氟沙星（0.2克：100毫升），每只龟每次注射2毫升，连续3天。

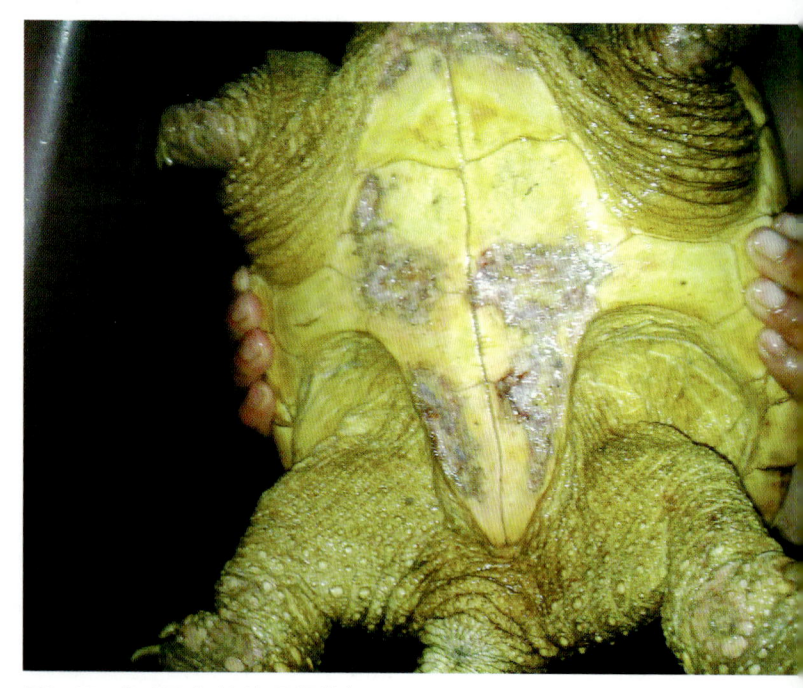

图2-15 龟腐甲病（晏祖民提供）

第二章　疾病诊疗技术

实例2：2012年8月28日，广东云浮养殖者刘萍反映，她养殖的黄缘盒龟出现腐甲病，有进食，活动也较灵活（图2-16）。需要进行治疗，请求帮助。笔者建议处理方法：肌肉注射头孢噻肟钠，每天1次0.1克，连续3天；用青霉素和链霉素浸泡，每千克水体中加入青霉素40万国际单位和链霉素50万国际单位，每天1次，时间半个月；用达克宁软膏涂抹病灶，时间1个月。

天；接下来使用红霉素软膏涂抹，一般3天。治疗期间白天干放，晚上下水，可以喂牛肉或饲料。治疗结束后静养，保持水质干净，每天至少换水两次。痊愈后不能恢复原样（图2-18）。

图2-17　龟腐甲病治疗前

图2-16　龟腐甲病（水静犹明提供）

实例3：2014年7月8日，龟主韦妹反映，最近买来的一只台缘发现底板腐甲，刮除病灶后涂抹红霉素和利福平，不见效果，求知（图2-17）。此龟有食欲，能正常进食。体重450克。诊断：龟腐甲病。治疗：刮除病灶；使用达克宁涂抹，每天多次，连续6

图2-18　龟腐甲病治愈后

7. 龟穿孔病

2012年10月31日，广东信宜养殖者红光反映，他养殖的鳄龟发生疖疮与穿孔并发症。从病灶上看，病情已近晚期，非常严重，鳄龟体瘦，病灶很多，有些已穿孔（图2-19）。因此，建议治疗方法：清除疖疮和穿孔病灶，将病灶内腐败物质挖出，用清水冲洗干净；用青霉素和链霉素原粉注入穿孔里和病灶上面，外层用红霉素软膏涂抹；肌肉注射药物，每天1次注射头孢噻肟钠0.1克，加氯化钠注射液稀释至1毫升，连续注射6天。治疗期间干放，每天适当下水1~2小时。

图2-19　龟穿孔病（红光提供）

8. 红脖子病

2015年4月4日，广西梧州养殖者云水相依反映，换水时发现一只4年母龟的颈、腿窝等处脱皮发红，认真阅读对照笔者的书，像是冬眠综合征，又有点像腐皮，凡是有肉的地方都是红的，已经喂一星期，才发现这情况。笔者根据龟图分析，龟的脖子发红，其他部位如腋窝处也出现红色，腐皮症状并不明显，初步诊断为龟红脖子病（图2-20）。治疗：药物注射，使用庆大霉素肌肉注射，每次注射0.4毫升，并加入地塞米松0.1毫升，合计0.5毫升，每天一次，连续注射6天。经过一个疗程6天的注射治疗，涂抹红霉素15天，干养，每天下水1小时，结果痊愈（图2-21）。

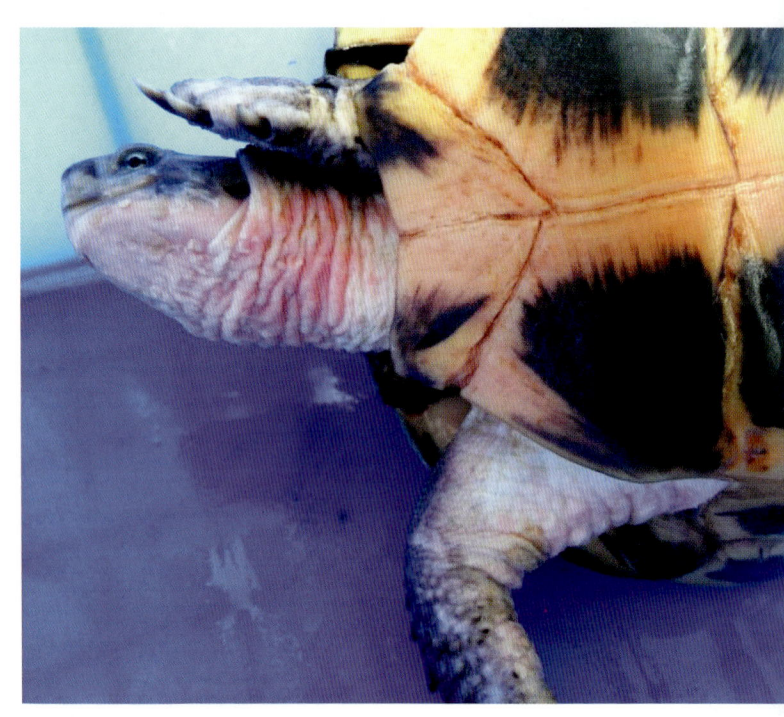

图2-20　石龟出现红脖子病

图2-21 石龟红脖子病治愈

9. 龟脂肪代谢不良症

实例1：2012年10月30日，广东江门养殖者徐岸锋养殖的石龟出现脂肪代谢不良症。龟主反映，从去年开始养殖石龟，买回来石龟苗100只，价格每只600元。养至目前规格150~400克，平均250克。由于发病，现仅存活60只。主要症状是全身性浮肿，没有精神，出现拉稀现象，粪便绿色，两只龟眼皮发白。现在每天死亡1~2只。经调查，换水采用等温方法，自来水放入桶里经过自然等温，但有时不够用直接用自来水，因此违背了等温换水的原则。最主要的原因是使用了变质的淡水鱼，尤其在夏天投喂过从市场上买来的变质草鱼，多次使用后，引发脂肪代谢不良症。最近，在加温到28℃养殖的情况下，2~3天才能吃食一点点，基本停食（图2-22）。诊断：脂肪代谢不良症。治疗方法：杜绝投喂变质的鱼类；使用一定比例的配合饲料，一般占比70%；治疗采用肌肉注射方法：每只龟每天1次注射氧氟沙星（0.2克：5毫升）0.5毫升，连续6天为一疗程。

图2-22 龟脂肪代谢不良症（徐岸锋提供）

2012年11月6日，龟主反馈，经过6天的打针治疗，龟已痊愈，恢复摄食，食台上的食物约在1个小时内全食光了（图2-23）。

图2-23 龟脂肪代谢不良症治愈（徐岸锋提供）

实例2：脂肪代谢不良症在养龟中经常发现，但治疗起来比较困难。在诊断时，需要顺藤摸瓜，一步步查找发病原因，找到病因，对因治疗。最近，在广西博白就发生了一例。当时龟主告诉笔者，不仅龟病了，他的小孩也病了，在医院输液，并发来图片。笔者为其提供核心技术支持，经过积极有效的对因治疗，结果治愈。

2015年5月23日，龟主陈先生反映，他上个月从南宁购进一批20只黄额盒龟野生亲龟，回来后一直正常，几天前产卵2枚。今天中午发现一只龟眼帘肿胀，精神不太好。找不到发病原因。

经调查，该龟主使用的是井水，经过大桶过水，但估计等温时间不够。进一步观察，龟不仅眼帘肿胀，下巴和前肢肿大，根据症状分析有可能龟喝了脏水，包括残饵等。进一步调查发现，龟主前几天喂西红柿和蚯蚓，有些蚯蚓已死，容易变质，携带病菌，眼帘肿胀和下巴、四肢肿大，与摄食蚯蚓有一定的关系。因此，初步诊断为：摄食变质食物引起的脂肪代谢不良症（图2-24）。

诊断：龟脂肪代谢不良症。治疗：采用注射药物的方法。肌肉注射庆大霉素0.3毫升+地塞米松0.1毫升，每天一次，连续6天。结果：2015年5月29日，龟主反馈，经过一个疗程的治疗，此病已治愈（图2-25）。

图2-24 黄额盒龟发生脂肪代谢不良症

图2-25 黄额盒龟脂肪代谢不良症治愈

实例3：广东顺德陈健辉养殖的黄缘盒龟发生脂肪代谢不良症。2014年8月6日，龟主反映，今天早上我太太洗龟池时发现有一只黄缘左前肢有肿胀走动不便，将其隔离，观其眼睛时开时闭，拉其4肢有力，前左上肢差些，抓其时排大便两次，一次结实，第二次又水又便，跟随排出大量水，开始闭眼。这只缘是7月15日从朋友处购来的6只的其中一只，购回来时，体重650克，我对其进行一次外表检查看到其前左肢下方有肿块，眼睛旁边有一点血迹。后检查，龟刚才又排出水和大便，水有小小偏绿，排便后眼睛睁开，头有间隙性抖动（图2-26）。

诊断：龟脂肪代谢不良症。治疗：肌注左氧氟沙星（0.2克：5毫升）0.3毫升，每天1针，连续6天。结果治愈（图2-27）。

图2-26 安缘脂肪代谢不良症治疗前

图2-27 安缘脂肪代谢不良症治愈后

10. 龟钟形虫病

钟形虫属，此类虫是属原生动物缘毛目钟虫科的一些种类。在龟体表肉眼可见到龟的四肢、背甲、颈部甚至头部等处有一簇簇絮状物，带黄色或土黄色，在水中不像水霉那样柔软飘逸，有点硬翘。

实例1：2012年6月21日，广西北流市养殖者蝴蝶反映，他养殖的金钱龟出现一种病，龟的背部、腹部和皮肤上有一种像浆糊一样的物质黏在体表（图2-28和图2-29），对龟的生长繁殖有一定的影响，求治疗方法。经过发图，笔者诊断为钟形虫病，经过有效的治疗，结果痊愈。治疗方法：用毛刷清除龟体表寄生虫，冲洗干净，并彻底换水；硫酸锌1毫克/升，全池泼洒，每天1次，连续3天。每天换水1次。此前，龟主不用药物，把龟刷干净另养，龟池暴晒了3天，得一段时间没有问题，15天后再出现。此次用药后，不再复发。

图2-28 金钱龟腿部钟形虫病（蝴蝶提供）

图2-29 金钱龟腹部钟形虫病（蝴蝶提供）

实例2：广西崇左廖桂林养殖的石龟发生钟形虫病。2014年7月29日，龟主反映，她养殖的石龟种龟出现四肢等处皮肤上有黏液状，拉起来一丝丝的（图2-30），经过图片诊断是钟形虫病，发病的石龟数量比较多，因此需全面治疗。治疗：用板刷除去病灶，刷干净之后，用清水冲洗，注意病原不能下龟池，以免感染其他龟；用硫酸锌溶液浸泡，浓度为每立方米水体2克，长时间浸泡，每天换水换药，连续3天；白天用达克宁涂抹，之后干放，晚上浸泡前述药物，涂抹3天。结果治愈（图2-31）。

图2-30　龟钟形虫病治疗前

图2-31　龟钟形虫病治愈后

11. 龟冬眠综合征

2012年3月12日，山西晋城养殖者林向博反映，他养殖的黄喉拟水龟冬眠后苏醒后，发现其眼睛、鼻孔周围红肿，并有局部腐皮症状（图2-32）。初步诊断为：冬眠综合征。发病原因，冬眠长期低代谢状态下，龟的体质下降，加上环境污染，春天来临，病原菌活跃，龟容易导致细菌感染，表现炎症。因此，笔者建议治疗方法：用头孢哌酮1克化水1千克，加上地塞米松（1毫升：2毫克），为提高药物效果，升温2℃，进行药物浸泡，每天1次，长时间浸泡，连续3天。2012年3月16日龟主反馈，龟已恢复摄食，病灶消失，痊愈（图2-33）。

图2-32 龟冬眠综合征（林向博提供）

图2-33 龟冬眠综合征治愈（林向博提供）

二、常见性鳖病

1. 鳖氨中毒

氨中毒是养鳖温室养殖中比较常见的病症。在死亡时，鳖的前肢弯曲，因此，又称"曲肢病"，是一种环境恶化引起的鳖曲肢病。笔者在国内首次发现并报道：1999年在《中国水产》第9期发表"江浙出现新鳖病"。

2012年4月11日，浙江省湖州市新安镇养殖者徐光鑫反映，其温室养殖的台湾鳖最近出现几百只死亡的情况，外表无任何症状。室温控制在33℃，水温30℃。摄食正常。从发来的图片观察，部分鳖前肢弯曲，头颈伸长，一般体表无其他症状，结合实际情况进行分析，诊断是氨中毒（图2-34）。

他养殖的鳖有5只最近发病，死亡已超过300只。最近换水比较少，微调量小，做得不够到位。死亡发生后，将个别病鳖池水换水3/4，死亡立即缓解，也验证了水质恶化，导致氨中毒的诊断结果。

解救措施：立即换水，将病鳖池水全部大量换上等温新水；注意整个温室的温度平衡，不要发生意外；正常养殖池需要加大换水量，保持水质稳定。2012年4月16日龟主反映，鳖已恢复正常。

图2-34　台湾鳖氨中毒（徐光鑫提供）

2. 鳖白斑病

白斑病主要危害稚鳖和幼鳖，在生产中比较普遍，是一种真菌性疾病，如果用错药物，使用抗生素药物治疗，反而加重病情。这种病在水质较清的情况下容易发生，对于温室养殖，在高发期，尽量不开增氧机。药物预防方法：稚鳖放养后，每隔半个月一次分别使用克霉唑2毫克/升、亚甲基蓝1毫克/升和生石灰25毫克/升，全池泼洒。这种方法对鳖白点病的预防同样有效。2013年笔者在浙江省湖州市双林镇指导使用这一方法，有效地避免了稚鳖期白斑病和白点病的发生。

实例1：2012年3月26日，茂名养殖者龙源反映，他养殖的角鳖发病，发图给笔者，经诊断是真菌性白斑病（图2-35）。此前他用抗生素一直治不好，越发严重。笔者建议的治疗方法是：将水质调节成绿色肥水型，水体透明度为25厘米左右；不要开增氧机，如果有增氧机的话；将病鳖隔离治疗；对于特别严重的病鳖将病灶清除后，用达克宁涂抹，每天多次，连续两周，直至痊愈，每天在治疗期间可以适当下水一段时间；对于大面积发病池，采用全池泼洒药物的方法，具体使用亚甲基蓝，终浓度为4毫克/升。经过上述方法治疗后痊愈。

实例2：2012年1月31日，杭州养殖者卢纯真反映，在笔者指导下，她养殖的日本鳖，100克左右，白斑病已治愈，具体治疗方法：用萘酸铜1毫克/升全池泼洒，3天后减半泼洒0.5毫克/升，接下来将水温逐渐提升到30℃，并从未发病池引用透明度较低的肥水，在水里添加维生素C和氨基多维，很快痊愈。发病原因是因为温室内角落鳖池温度一直加不上去，引起低温，适合霉菌繁衍，导致白斑病发生。

图2-35 角鳖白斑病（龙源提供）

3. 鳖白点病

白点病是一种细菌性疾病，在实践中，笔者仔细观察，不排除真菌感染的可能性。这种病危害最大的是鳖苗，在广西白点病常常感染山瑞鳖。贵港市养殖者穆毅养鳖场引进的山瑞鳖苗发生白点病，就是一例。

2012年8月20日，鳖主反映：最近从韦乐佃养鳖场引进的山瑞鳖苗100只，发生白点病，发病率为80%，山瑞鳖的背部有数个白点，笔者根据图片诊断是白点病（图2-36）。建议治疗方法：清除病灶；用达克宁涂抹3天；接下来用红霉素软膏涂抹3天。

2012年8月25日，鳖主反馈：经过一个疗程的治疗后基本痊愈，病灶的伤口愈合（图2-37）。

图2-36 山瑞鳖白点病（穆毅提供）

图2-37 山瑞鳖白点病治愈（穆毅提供）

4. 鳖疖疮病

疖疮病是一种细菌性疾病，是危害龟鳖的一种常见病，可以危害稚鳖、幼鳖、成鳖和亲鳖。感染的部位主要是背部、腹部和四肢（图2-38）。疖疮发生后，如不及时治疗，就会蔓延至穿孔，因此，疖疮病与穿孔病是不同的发病阶段。疖疮病发病初期，遇上低温天气，往往会被真菌感染，细菌继发感染，给治疗带来一定的困难。

治疗方法：清除疖疮病灶，挖出豆腐渣样物质，并用生理盐水冲洗干净；用达克宁涂抹伤口，连续3天；用红霉素软膏涂抹，连续3天。对于全身性感染的严重病鳖，需注射抗生素，肌肉注射药物，每天1次注射头孢噻肟钠，每千克鳖注射0.1克，连续3天。平时做好预防工作，定期对鳖池每半个月泼洒一次生石灰，终浓度为每立方米水体25克。

图2-38 山瑞鳖疖疮病

5. 鳖钟形虫病

钟形虫属，此类虫是属原生动物缘毛目钟虫科的一些种类（如累枝虫、聚缩虫、钟形虫和独缩虫等）。钟形虫在鳖体表肉眼可见到鳖的四肢、背甲、颈部甚至头部等处有一簇簇絮状物，带黄色或土黄色，在水中不像水霉那样柔软飘逸，有点硬翘（图2-39）。

这类虫体为自由生活的种群，其生活特性是开始以其游泳体黏附在物体（包括有生命的和无生命的）表面后，长出柄，柄上长成树枝状分枝，每枝的顶部为一单细胞个体，一个树枝状簇成为一个群体，每个个体摄取周围水中的食物粒（主要是细菌类）作为营养，其柄的固着处对寄主体可能有破坏作用。在水体较肥，营养丰富的水环境中生长较好。主要繁殖方式是柄上顶部的个体长到一定的时候就从柄上脱离，成为可在水中自由活动的游泳

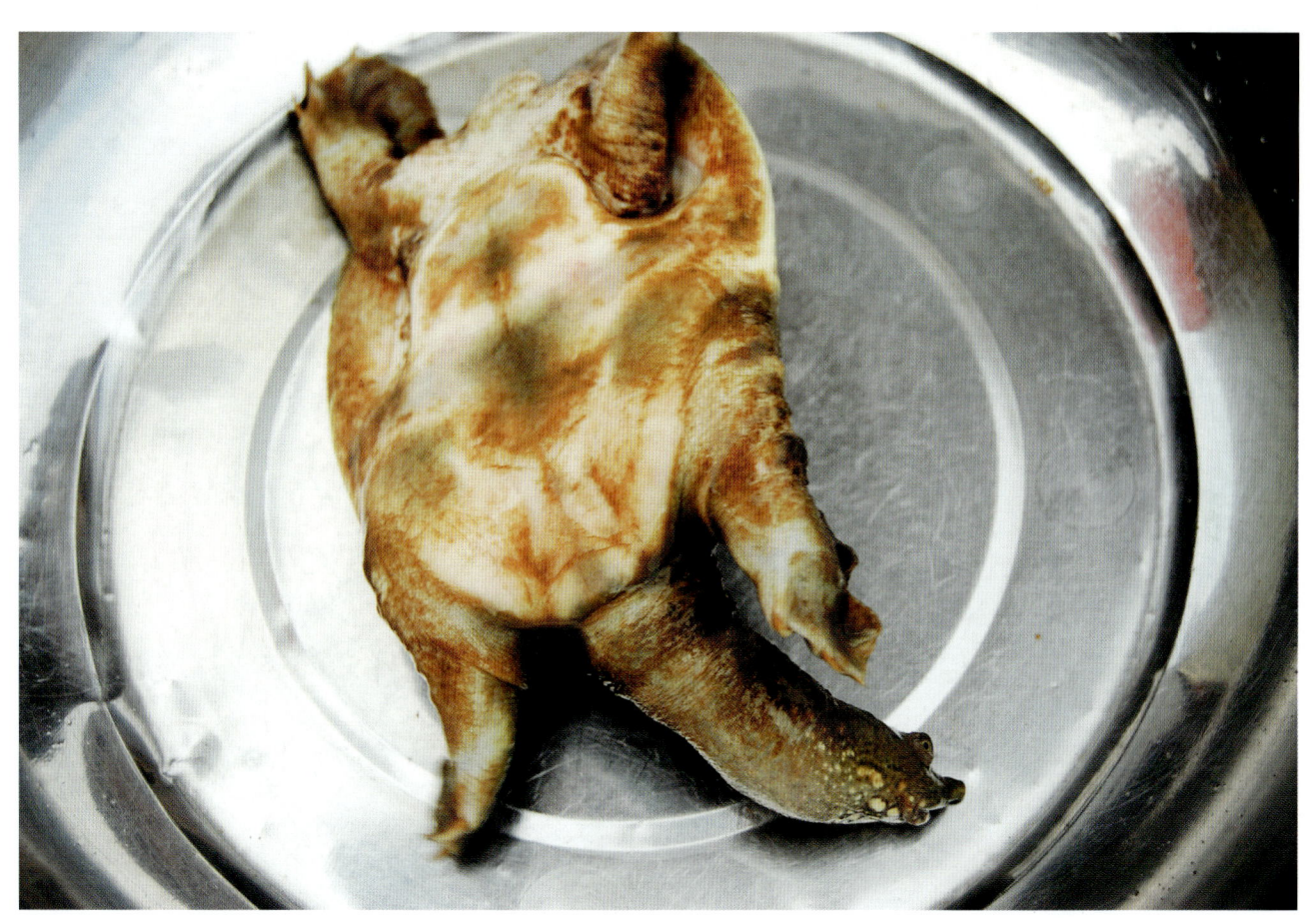

图2-39　鳖钟形虫病

体，在遇到适宜的附着物时就吸附上去，再发展成一个树枝状簇的群体。对鳖的危害主要是鳖体上布满这些群体后会影响鳖的行动、摄食甚至呼吸，使鳖萎瘪而死。少量附着对鳖没有影响。在水质较肥的稚鳖池如有此虫大量繁殖，会对稚鳖的生长有很大的影响，如不及时杀灭，会造成大量死亡。此虫生长没有季节性和地区性，全国各地的水体都有，应注意水质不要过肥，保持水质清新。

治疗方法：保持优良的水质是避免此病发生的最好方法。治疗可用新洁尔灭（0.5毫克/升）和高锰酸钾（5毫克/升）先后泼洒法，或用2.5%食盐水浸浴病鳖10～20分钟，每天1次，连续两天，有一定杀灭效果。特效方法：用硫酸锌1毫克/升泼洒，连续3天，每天1次，10天后脱落痊愈。

6. 鳖萎瘪病

发病原因较多。首先，先天不足，最后一批产卵，孵化后个体较小，争食能力较弱，食欲不好，营养不良。其次，是食台面积太小，而鳖的放养密度较大，以及饲料投喂不均，时多时少，比例不当，体弱鳖难以上台摄食，长此以往，形成营养债，累成此病。再次，稚鳖感染白斑病后，停食，全身性病灶引起肌肉萎缩（图2-40）。

治疗方法：隔离饲养，治愈皮肤病，保持良好的水质；在饲料中添加维生素C、维生素E、维生素B_5、维生素B_6和维生素B_{12}等复合维生素；注射葡萄糖、维生素C、维生素B_{12}；用维生素C溶液浸泡；全池泼洒维生素C。

图2-40 鳖萎瘪病（陆绍燊提供）

第二节 疑难性疾病

在这一节里,为读者系统讲述龟鳖疑难性和应激性疾病的大量病例,以及对因治疗方法,帮助读者解决龟鳖养殖中遇到的病害难题,通过学习,可以初步掌握诊断与治疗龟鳖疑难性疾病的科学方法。只有通过更多的实例来剖析,大家才能看得多,学得多,在实践中学以致用。

一、龟类疑难性疾病

1. 龟摄食脏水引起的不良症

实例1:掌握核心技术,黄缘起死回生。浙江省湖州市一位养殖者养殖的安徽黄缘,由于农忙,13天没照顾到龟,因此,一只龟病得很重。此龟属皖南种群黄缘盒龟,雄性,体重450克左右。龟可能摄食了变质残饵以及喝了泡澡脏水,结果龟眼睛紧闭、凹陷,四肢僵硬,没有反应,不能爬行,头颈缩进龟壳,对外界无任何反应,并有拉稀现象。龟主求助笔者,希望能挽回其生命。2014年6月14日,笔者来到龟主家,查看了龟的病症,询问了龟的发病过程,仔细观察后进行分析,最后确诊为肠胃炎晚期(图2-41)。

根据病情,对症下药。采取科学的治疗方案,

图2-41 皖南种群黄缘盒龟重症肠胃炎治疗前

使用注射药物的治疗方法。肌注头孢噻肟钠（1克+5毫升氯化钠注射液稀释）0.75毫升+地塞米松（5毫克：1毫升）0.25毫升。每天1针，连续6天为1疗程。笔者亲自注射第一针，奇迹发生了，几个小时后，龟的眼睛竟然打开，尽管无神，但眼睛不再紧闭，主人感到欣喜，看到希望了。离开后，笔者留下药物让龟主继续注射一个疗程。2014年6月19日，龟主反映，龟逐渐好转，能爬行，眼睛完全睁开，有神，看到龟喝水，但不见摄食。

2014年6月29日，笔者回访。发现此龟见人缩头，龟壳闭合，怕人的原因是打针后造成的恐惧。经观察，决定对龟再注射一次，以便尽快恢复摄食。笔者亲自注射后，晚上回到家，接到龟主电话，刚用蚯蚓试喂，已见此龟摄食，全部吃完，龟主感到惊讶，笔者感到高兴。至此，龟已基本病愈（图2-42）。

实例2：广西南宁龟友莫玉红养殖的石龟摄食脏水引起的不良症。2015年3月29日莫玉红反映，她养殖的石龟由于摄食了脏水发病，经过笔者的指导已基本治愈，并已恢复摄食。此龟130克，一个星期前，摄食了脏水，四肢无力，不进食（图2-43）。在得到笔者帮助后，采取注射治疗，使用庆大霉素，每次注射0.25毫升，每天一次，连续6天一个疗程，结果治愈（图2-44）。

图2-43 石龟摄食脏水引起的不良症

图2-42 皖南种群黄缘盒龟重症肠胃炎治愈后

图2-44 石龟摄食脏水后不良症治愈

实例3：唐女士是广东阳江的一位忠实读者，她通过《中国龟鳖产业核心技术图谱》一书的学习，加上笔者的指导，已学会为龟治病。最近，她表示，已会给黄缘盒龟打针，治愈一例脂肪代谢不良症。

她买来一批小黄缘盒龟后，在饲养一段时间后，回一趟老家湛江，龟由老伴照料，因未及时换水，龟喝了脏水和摄食了残饵后，四肢僵硬，排泄物恶臭。她经广西一位热心朋友的帮助，使用珠海一家公司生产的龟药进行治疗，结果无效（图2-45）。因此，求助笔者，请求指导。根据她提供的情况，以及发来的图片，笔者进行分析，诊断为龟脂肪代谢不良症，需要注射治疗。但她从未为龟打过针，就打开笔者所著的《中国龟鳖产业核心技术图谱》，书中关于注射的方法，图文并茂，针对问题进行学习。治疗方法：根据笔者提供的药方，经6天的注射治疗，结果痊愈。

2014年12月18日，唐女士反馈：按照笔者书上的指导，学会了给小黄缘打针了，小龟打了第六针后病情开始好转，粪便没有氨味，恢复较好，活泼好动，争着吃东西（图2-46）。治疗方法：头孢噻肟钠1克+5毫升注射液稀释，抽取0.2毫升，加地塞米松0.1毫升，合计0.3毫升，为一次注射剂量，每天一针，连续6针治愈，龟的体重160~170克。

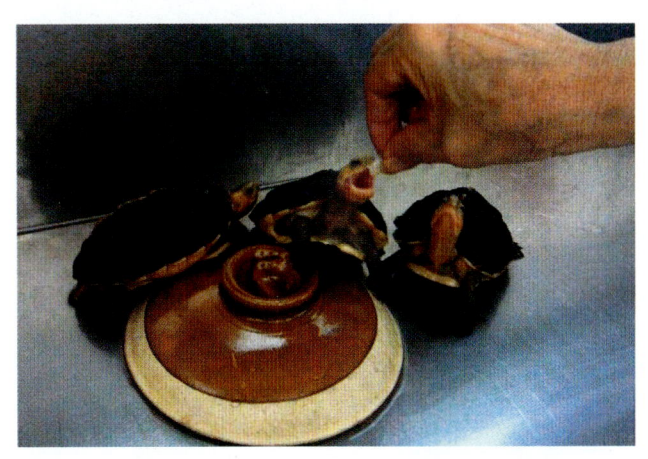

图2-46 阳江唐女士养殖的黄缘盒龟脂肪代谢不良症治愈后

2. 龟果冻便病

广东深圳穆毅养殖的黄缘盒龟发生果冻便症状。2015年5月19日，龟主反映，他从广州买了的一只野生黄缘盒龟公龟，亚成体，体重约200克，最近发生果冻便症状（图2-47）。这是由于消化不良引起的一种疾病，属于肠胃炎中的一种。注射庆大霉素0.2毫升，每天一次，连续3天。经过注射3针庆大霉素后，病情好转，果冻便消失，但不摄食；于是改用头孢噻肟钠，每次0.3毫升，加地塞米松0.05毫升，3针后进一步好转，已恢复摄食配合饲料，但大便未成形，于是继续注射头孢噻肟钠，每次0.3毫升，加

图2-45 阳江唐女士养殖的黄缘盒龟脂肪代谢不良症治疗前

地塞米松0.05毫升，连续3针。共9针后，龟病已治愈，大便已成形（图2-48）。

图2-47　黄缘盒龟果冻便肠胃炎治疗前

图2-48　黄缘盒龟果冻便肠胃炎治愈后

3. 钻沙现象

2015年4月29日，广东佛山恋滋味反映，他养殖的一只体重900克的石龟出现钻沙现象（图2-49）。这只龟在冬眠后就开始钻沙，一直没有好办法应对，听龟友说关闭沙地，不让龟进入。然而打开沙地，龟仍然钻沙。笔者根据龟钻沙现象，分析可能是在越冬前摄食了脏水或变质食物导致慢性肠胃炎。因此，建议采取肌肉注射治疗方法。肌注庆大霉素0.4毫升＋地米0.1毫升，每天一次，连续3次。经过3天治疗，龟已痊愈，不再钻沙，摄食正常（图2-50）。

图2-49　石龟钻沙现象治疗前

图2-50　石龟钻沙现象治疗后

4. 龟后肢拖行症

广东顺德陈健辉养殖的黄缘盒龟发生后肢拖行症。2014年7月，笔者利用广东顺德花之星缘展的机会，来到陈健辉家，为他养殖的黄缘盒龟后肢拖行症进行诊治。发现有两种龟有这样的症状，发病时间比较长，主要表现是后肢停止活动，不能爬行，只能随前肢爬行时拖行（图2-51和图2-52）。笔者曾给龟主提供治疗方法，但龟主不敢给龟打针。在缘展期间，笔者亲自为陈健辉的两只黄缘盒龟进行注射治疗，神奇的是，注射一针后，两只龟的后肢开始活动，几针后完全恢复爬行，活动自如。究其发病原因，是由于主人在上一年住院期间，家里的龟无人照顾，可能在此期间因龟喝到脏水引起。

治疗：大安缘每次肌注头孢噻肟钠0.5毫升（1克：5毫升）+地塞米松0.2毫升；小安缘每次肌注头孢噻肟钠0.05毫升（1克：5毫升）+地塞米松0.02毫升，每天1次，连续一周。

龟主反馈：小安缘在2014年5月10日发现后腿拖拉不走动，治疗前咨询老师开出药方，但由于不懂打针所以未敢治疗。2014年7月17日经过老师打第一针后第二天开始爬动了，后期打了4针完全正常爬行了。另一只大安缘在2013年8月25日发现有后腿拖拉，经老师指导开出药方，每次肌注氧氟沙星（0.2克：5毫升）0.5毫升，连续注射3天，每天1次。但始终不敢用药，直到老师2014年7月17日亲自为此缘打了第一针，神奇的是7月18日早上此缘后腿就能走动。后期打5针，合计6针一疗程，龟已痊愈（图2-53和图2-54）。

图2-51 小安缘后肢拖行症治疗前

图2-52 大安缘后肢拖行症治疗前

图2-53 小安缘后肢拖行症治愈后

图2-54 大安缘后肢拖行症治愈后

5. 龟右前肢腐烂症

广西北海养殖者紫薇养殖的黄额盒龟右前肢腐烂的治疗。2015年4月上旬，该养殖者收来的一只黄额盒龟右前肢腐烂，流脓，恶臭。分析是该龟在野生状态下被抓捕时，可能右前肢被捕具机械性夹伤后发炎，直至腐烂（图2-55）。这只雌龟品相优异，背甲棕色偏红，脖子红，头部金黄色。

图2-55 黄额盒龟右前肢腐烂治疗前（一）

治疗方法：挤出脓水，将创口清洗干净后，用青霉素和链霉素涂抹病灶，每天多次，连续一周见效，浓水渐渐消失，伤口消炎消肿，但由于原来的腐烂病灶过于严重，治疗后，露出小腿骨，继续用红霉素软膏涂抹治疗（图2-56）。

2015年5月2日，龟主反映，将龟用创可贴包扎，希望早日痊愈，然而揭开后，残肢被龟自己咬断。尽管治愈，但留下残疾。

图2-56 黄额盒龟右前肢腐烂治疗前（二）

2015年5月3日，龟主反映，经过1个月左右的治疗，今天用牛肉引诱，龟已进食，此后，进一步观察，该龟比较稳定，摄食正常，爬行不方便，但行动敏捷（图2-57）。

图2-57 黄额盒龟右前肢腐烂治愈后

6. 龟左前肢不能缩回症

2015年5月3日，广西北海市紫薇告诉笔者，最近引进的野生黄额盒龟中一只左前肢不能缩回，这只龟为成体龟，根据分析不能缩回的主要原因可能是抓捕时受伤，也可能在运输途中受压引起（图2-58）。回来之后，在笔者的指导下，采用科学的治疗方法，结果经过半个多月的时间，终于治愈，这只龟左前肢已经能自然伸缩，状态良好，进入正常驯养繁殖阶段（图2-59）。

具体治疗方法：注射药物：使用头孢噻肟钠1克+注射液5毫升摇匀后抽取0.7毫升，再加地塞米松（5毫克：1毫升）0.1毫升（0.5毫克）注射6天为一个疗程；浸泡药物：使用双抗进行浸泡10天，具体浓度为每千克水体加青霉素40万国际单位+链霉素50万国际单位。

图2-58　黄额盒龟左前肢不能缩回治疗前

图2-59　黄额盒龟左前肢不能缩回治愈后

7. 龟白皮病

实例1：2011年11月16日，浙江绍兴养殖者陆阳反映，他养殖的黄喉拟水龟30只，2009年以1 000元每斤的野生龟价格引进，现在规格500克左右。最近，发现病龟一只，个体重400克，黄喉拟水龟四肢皮肤和尾部发白，疑似腐皮病，要求诊断，经笔者诊断为真菌性白皮病（图2-60）。建议采用达克宁涂抹治疗。2天后，龟四肢皮肤有所好转。3天后，白色的表皮没有了，出现了新的表皮。2011年12月11日，陆阳发来治愈的图片（图2-61）。发病的原因也可能水质太清，在温度适宜的条件下，真菌滋生繁殖，此时石龟容易受到感染。目前龟类"白皮病"属于首次命名。

图2-61 龟白皮病治疗后（陆阳提供）

实例2：2012年8月22日，广东茂名市电白县沙琅镇养殖者田夫野老反映，他养殖的南石也出现同样的疾病。从发病的部位来看一般在龟的四肢上，病灶面积很大，大小不规则，与腐皮和白斑有一定区别，从上一次浙江病例使用达克宁治愈的结果看，初步认为是一种真菌性白皮病。此次病例是南石250克左右规格，是2010年的苗养成的幼龟，主要发病部位在后肢，发病率为10%。据了解，龟主直接使用温差较大的深井水，导致龟多次累积应激，刺激皮肤病变可能有一定的关系。深井水24℃左右，龟无论养在室内还是养在室外，龟主采用的室内外两种养殖方式，其龟池水温均达到30℃左右，采用温差6℃的水进行换水，必然产生应激，由于从小苗开始饲养，龟适应了应激，把这种应激转化为良性应激，但多次应激后，变成累积应激，会降低机体抵抗力，转化为恶性应激，尤其是低温的多次刺激，

图2-60 龟白皮病治疗前（陆阳提供）

容易导致皮肤发生真菌性疾病。龟主采用每天投喂一次，晚上投喂鱼肉，早上换水的养殖方法。因此，采用相对应的治疗措施：采用等温水换水；使用达克宁涂抹，多次反复，直接痊愈，根据上次的治疗经验，一般3天左右有效，开始好转；对养龟水体使用亚甲基蓝全池泼洒，终浓度为3毫克/升。

实例3：2013年1月15日，中国知名龟鳖专家钦州诊疗中心巫世源接诊石龟病例，石龟规格：300~450克，养殖数量90只，水温11℃，室温14℃，在房间内用两个2平方米胶托养殖，烂眼眶，鼻孔堵塞，有两只龟浮水了，有3只龟伸头出水面。直接用自来水换水，冬天不加温，当时是冬眠时间。先用氧氟沙星浸泡没见效，反而严重多了，眼眶烂，鼻孔也烂。笔者通过图片进行远程诊疗，可以看到石龟的眼眶和鼻孔周围有白皮状病灶，疑似真菌感染性疾病。笔者诊断：疑似真菌性白皮病（图2-62）。提出治疗方法：刮除病灶，并用生理盐水清洗干净；在病灶处涂抹达克宁，反复多次，直至痊愈。结果：一疗程后痊愈。

实例4：广东韶关养殖者张海娇养殖的鹰嘴龟发生真菌性腐皮病。2014年5月15日，龟主反映，其养殖鹰嘴龟20多只，都出现不同程度的腐皮病，会不会是炎症，如肺炎、肠道炎。经过笔者诊断为真菌性腐皮病（图2-63）。

图2-63　鹰嘴龟真菌性腐皮病治疗前

治疗方法：使用达克宁涂抹，每天多次，注意治疗期间干养。2014年5月22日，龟主反映，龟好了，达克宁效果很好，龟现已正常摄食了（图2-64）。

图2-62　龟白皮病（巫世源提供）

图2-64　鹰嘴龟真菌性腐皮病治愈后

8. 鳄龟发生真菌性腐皮腐甲病

2014年4月27日，广西北流市人生快乐反映，因自己一直不在家，妻子管理的鳄龟，发生全身性白色病灶，涂抹青霉素3天，再泡青霉素3天，结果病情加重，停食后浮水死亡。传染很快。

笔者根据图片分析，认为这是一种真菌引起的腐皮腐甲病（图2-65），使用抗菌素会起反作用。

治疗：隔离治疗；用达克宁涂抹病灶，每天反复多次，连续6天，干放；用克霉唑粉剂化水浸泡，浓度为每立方米水体30克，换水换药，连续6天（白天涂药，晚上浸泡）。结果治愈（图2-66）。

此外，龟主没有注意到，治愈真菌性腐皮病后，龟被纤毛虫大量寄生。

图2-65 龟真菌性腐皮病治疗前

图2-66 龟真菌性腐皮病治愈后

9. 石龟发生白眼圈病

2015年1月1日，广东东莞龟主风吹沙反映，他养殖的石龟发生白眼圈症状，不知其解，请求笔者诊断并指导治疗（图2-67）。针对其反映的情况，主要表现是石龟的眼圈四周发生白色的病灶，根据笔者经验判断属于真菌性疾病，这种病比较常见，属于目前的疑难病。发病的原因是使用比较清的自来水，加上水温比较低，适合真菌繁衍。

治疗：刮除白色病灶；用聚维酮碘涂抹眼圈皮肤，每天早中晚三次；在其余时间用达克宁多次涂抹。注意治疗期间干放。经过6天的治疗，龟主反映，龟已痊愈，可以下水，进入正常饲养（图2-68）。

图2-67 石龟白眼圈病治疗前

图2-68 石龟白眼圈病治愈后

10. 龟皮肤组织细胞增生性疾病

实例1：2011年5月22日，广东云浮市养殖者冯晓光反映，他养殖的金钱龟脖子上经常长东西，长出来的是一种黄色的增生物，刮了还会长，好像有根一样，而且老是找不到原因。这只是第4只了，前3只全治不了死了，前两只是一公一母，都是以脖子为主。其中一只到了后期连脚都长了。脖子的一侧有（图2-69）。水是地下水，吃的全是新鲜的鱼肉。水泥池经过消毒过才使用的。怀疑投喂了广东鲮鱼和草鱼，其中有可能是带有真菌性鱼病的病鱼，龟摄食后被感染真菌性疾病。不排除使用地下水，水温偏低，容易引起应激，使得龟的体质下降，在低温下，真菌容易感染。因此，初步诊断为龟真菌性皮肤组织细胞增生性疾病。建议治疗方法：刮除病灶后用达克宁涂抹。2011年6月7日龟主反馈，龟病灶已经消失，使用达克宁涂抹效果很好（图2-70）。

图2-69 龟头颈一侧出现黄色增生物（冯晓光提供）

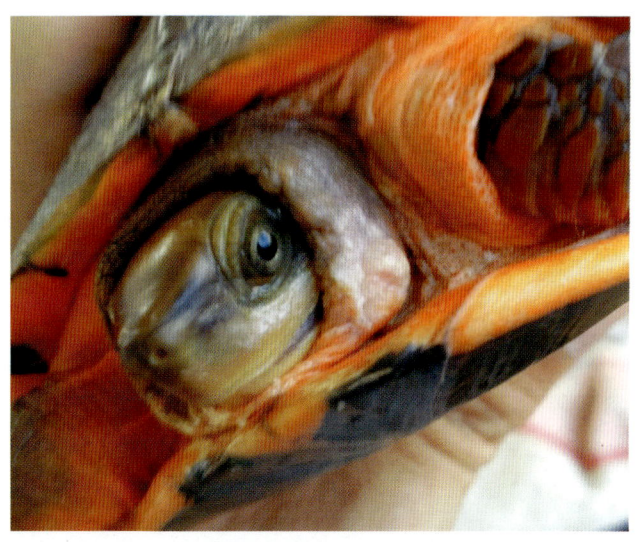

图2-70 龟头颈一侧黄色增生物消失（冯晓光提供）

实例2：2012年10月9日，广西百色养殖者黄悦反映，一周前，别人送的金钱龟两只，回来后用矿泉水养殖，开始几天没注意，最近发现两只龟的头部和颈部（其中1只）有白色增生物病灶（图2-71和图2-72）。因此，加入中国龟鳖网群（群号：199700919）并求助。经过图片分析，初步诊断为：龟皮肤组织增生性疾病。治疗方法：治疗期间干养，每天适当下水1~2小时；将养殖箱水体全部排干，然后用84消毒液消毒，具体做法是将龟全部取出后，注入新水，然后在水里滴几滴84消毒液，并用海绵将箱内洗干净，并浸泡40分钟，进行消毒。然后，将消毒水排干用清水反复清洗，最后放入干净的等温水，就是水一定要预先静置，与自然温度相等后才可使用；用软毛牙刷将龟的头部和颈部病灶刷干净，边刷边用干净水冲洗，直至病灶清除干净，不要怕皮肉外露，因病灶不清除干净是不行的；用达克宁涂抹，每天多次，连续4天，第5～6天用红霉素软膏涂抹。用药第一天，病情发生根本好转，家里只有红霉素软膏，涂抹后，今天改用达克宁涂抹，干养，仅下水1小时，下午龟主反映已经见效，病灶明显消失，需要继续用药。但龟的嘴角病灶没有完全清除，需彻底清除后用药。用药第二天，龟主反馈，上下午各涂了一次达克宁，也是干养，早上还看到其中一只小龟吃虫子了，症状比昨天好转了。严重的那只小龟，脖子上基本看不出是生病的，嘴唇边的伤已经结痂了。今天放它们进水1个小时后，观察了一下，原先的病灶处没有发现有烂皮的现象，进水后的情况跟相片的样子差不多，严重的那只已经恢复摄食，龟已能就爬过去咬虫子吃了。不过严重的这只小龟，感觉比较胆小，靠近它就缩头缩脑地躲到壳里去，不严重的那只比较活泼些，放到地上一会儿就到处乱走，这个区别是不是因为病情轻重的原因造成的呢？笔者对比了相片，发现真的好转许多，特别是严重的那只，很明显，脖子处好了许多。用药7天后，龟主反映，龟已痊愈（图2-73和图2-74）。

图2-71 龟头部出现白色增生物（黄悦提供）

图2-72 龟颈部出现白色增生物（黄悦提供）

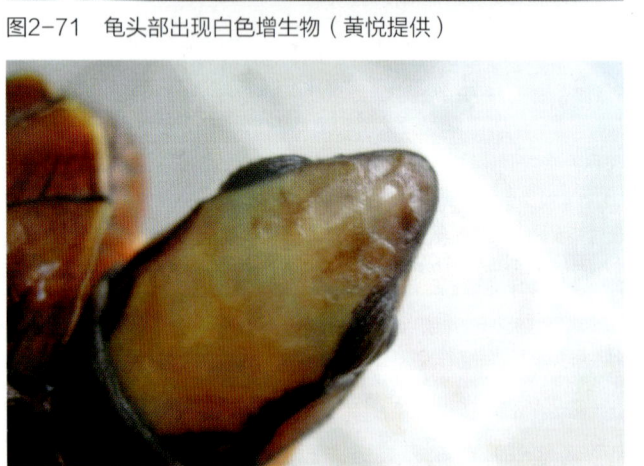

图2-73 龟头部白色病灶消失（黄悦提供）

图2-74 龟颈部白色病灶消失（黄悦提供）

11. 龟畸形病

龟鳖畸形病在生产中较为常见。发现得较多的是金钱龟、石龟、黄缘盒龟、鳄龟、珍珠鳖等（图2-75和图2-76）。主要特征是背部特别拱曲，脊棱弯曲，尾部萎缩，甲壳缺刻，甚至缺少一只脚等。造成畸形的原因主要有：亲近交配引起的后代基因突变；龟鳖在孵化中，胚胎正在发育过程中，突然遭受雷电袭击，引起强力震动，破坏了胚胎正常发育；在孵化中人为搬动，动作激烈等都可能致畸。实例分析了高锰酸钾对龟鳖致畸的可能性。

实践中发现，高锰酸钾应用于龟体浸泡消毒是一件很普通的事，但过度使用，可能导致畸形发生。广东养殖者刘萍就反映这样的问题：她数年前曾饲养过两批当年的石金钱龟苗，第一批是8月份引进的当年6月份的苗，共13只。第二批是11月份引进的9月份的苗，共50只。饲养第一批苗时，因数量少，且是第一次饲养，当时是当宠物来伺候的，饲养前她曾浏览过网上的一些资料，资料说龟体可用高锰酸钾消毒，于是每周用高锰酸钾消毒龟体一次。其中有一次，有4个龟苗背甲发现有白色絮状物，于是

图2-75　金钱龟畸形病

赶紧消毒，放多了高锰酸钾，当时因其与龟友在网上热聊，结果4个小龟在深紫色的高锰酸钾溶液里整整呆了一个半小时，把它们捞起来后皮肤似乎都有些变色了。饲养第一批龟苗时，11月初当地曾有一次明显的降温过程，当时龟苗因为放在阳台上，没及时移入室内，而致其中的4只龟苗感冒，明显症状是流鼻涕、张口呼吸。于是赶紧隔离消毒，用庆大霉素等药物药浴治疗。其他未现感冒症状的，也用高锰酸钾消毒，然后用板蓝根泡水预防，其他的龟仔，则消毒工作更是加紧了。饲养第二批苗时，由于有了第一批苗的经验，在饲养过程中除用高锰酸钾消毒器具外，并没有用高锰酸钾来消毒龟体，并注意水温的相对恒定，避免龟的应激反应。养殖结果，第一批石龟有畸形的，第二批没有用高锰酸钾消毒的就没有一个畸形的。

后来，刘萍遇到当地的一位朋友，他3年前引进了300多只当年的石龟苗，也是第一次饲养。可能是太勤快了，经常用高锰酸钾消毒。结果，300只苗中超过150只苗是畸形的。有一次她与当地的一位养龟大户交谈，获知了一件事，博罗一位养殖者，有一年养了数百只石龟苗，那个养殖者有一段时间外出，嘱咐十几岁的儿子给龟苗消毒，结果他儿子经验不足，高锰酸钾下多了，数百只龟苗大部分都变成了畸形。

在龟养殖过程中，刘萍不赞成用高锰酸钾直接消毒龟体，但可用于饲养场地和器皿的消毒。但须注意以下几点：对物品消毒，用0.1%～1.0%溶液，浸泡作用10～30分钟。水溶液暴露于空气中易分解，应临时配制。消毒后的物品和容器可被染为深棕色，应及时洗净，以免反复使用着色加深难以去除。因氧化作用，对金属有一定腐蚀性，故不宜长期浸泡。消毒后应将残留药液冲净。勿用湿手直接拿取本药结晶，否则手指可被染色或腐蚀。长期使用，易使皮肤着色，停用后可逐渐消失。

图2-76　石龟畸形病

12. 龟原虫病

龟的寄生虫，不断被发现。常见的有线虫、蜱虫和原虫等。笔者见过台缘体表寄生有蜱虫（图2-77），对蜱虫的处理方法：发现停留在龟皮肤上的蜱时，切勿用力撕拉，以防撕伤组织或口器折断而产生的皮肤继发性损害。可用氯仿、乙醚、煤油、松节油或旱烟涂在蜱头部待蜱自然从皮肤上落下。杨军收集的野生四眼斑龟发现其大便中携带线虫（图2-78），杀灭线虫，可服用"肠虫清"，每片0.2克，每只大龟每次喂半片即0.1克（图2-79）。龟原虫病在广东惠州被发现，石龟背甲和腹甲上有像水泡一样的亮晶晶的胞囊病灶，并在池壁上发现同样的病灶。此外，广西玉林养殖者也发现原虫寄生石龟，经过治疗后原虫脱落留下的坑（图2-80）。像这样的龟原虫病，在国内首次发现。

图2-77 寄生在台缘体表的蜱虫

图2-78 寄生在四眼斑龟体内的线虫（巫世源提供）

图2-79 寄生在四眼斑龟体内的线虫药物杀虫后（巫世源提供）

图2-80 原虫脱落后龟甲表面留下来的坑（吉祥提供）

2013年4月13日，惠州养殖者胡锦龙反映，一周前发现石龟身上寄生像水泡样的病灶，池壁上也有发现，去除病灶后，甲壳上留下一个个小坑，好像腐甲初期（图2-81和图2-82）。玉林群友吉祥的石龟背甲上也发现小坑状病灶。因此分析，常见石龟或其他龟背甲上有小坑的腐甲现象，可能与寄生虫病有关，是原虫寄生后留下来的病灶。不仅龟背甲、腹甲上有寄生，池壁上也有寄生，这与小瓜虫的特性一致。小瓜虫不仅寄生宿主，常常在池边或草上形成胞囊。

石龟原虫病的发病原理：发病石龟背甲和腹甲上肉眼可见零星分布白色小点状囊泡，所以龟主看到后称水泡。这种原虫，寄生到龟甲上，刺激寄主组织增生，形成一个白色脓泡。虫体在内分裂繁殖，至一定时期冲出脓泡，在水中自由游泳相当时期后，在池壁形成胞囊，虫体在内分裂成数百至数千，幼虫冲破胞囊出来在水中游泳找寻寄主，接触龟甲，即进入盾片，进行新的生活周期。龟主反映，此原虫只寄生在龟的背甲和腹甲，龟的皮肤上未见寄生虫。

治疗方法：将发病池的所有龟抓起来，清除龟身和池壁上的原虫，池壁上有刀片刮除，龟身上的原虫用牙刷清除；将池水放干，对龟池进行消毒，方法是用84消毒液，浓度为30毫克/升，全池泼洒，包括池壁等处，4小时后，放入新水冲洗几遍，再注入等温新水；对病龟，用3毫克/升的84消毒液反复刷洗，以杀灭原虫，未发病的石龟同样刷洗一遍。然后将清除原虫后的石龟放入原池。此外，所有的工具必须经过消毒处理。

2013年5月9日，龟主反馈，按照笔者的方法，经过消毒3次后，龟原虫病已痊愈（图2-83）。

图2-81 寄生在龟池壁上的原虫（胡锦龙提供）

图2-82 寄生在石龟背甲上的原虫（胡锦龙提供）

图2-83 原虫脱落后龟甲表面留下来的坑（胡锦龙提供）

13. 龟生殖器脱出症

龟类生殖器脱出是养龟中较为常见的现象。究其原因，是饲料中含有生物激素所致，很少是由于投喂的人工激素。生物激素的主要来源是新鲜鱼虾类，含有鱼卵、虾卵或性腺，也可能是配合饲料中使用的国产鱼粉中含有一定量的生物激素，当激素含量偏高时，龟类摄食后就可能发生生殖器脱出症。

出现生殖器脱出症后，处理的方法主要有两种：一是保守的处理方法；二是手术治疗方法。如果生殖器脱出后，尚未损伤，或被其他龟咬伤较轻，针对此种情况，可以采用第一种方法，具体是将生殖器送回泄殖腔，送入过程中动作要轻，预先要进行消毒处理，送入后，要采取封闭措施，就是将送入后的泄殖腔暂时封闭，经过8小时左右解除封闭，这样做可能需要重复几次，直至生殖器不再脱出，有的龟病情较轻，一次就可以了。对于有些龟生殖器脱出后已被其他龟严重咬伤，不能再恢复生殖功能时，可以采取手术治疗的方法，这时，需要先将露出的生殖器部分在根部结扎，1~2天后生殖器已经坏死，施行切除手术。注意要采取必要的消毒措施，防止细菌感染。

预防生殖器脱出的主要方法是：不随意使用海杂鱼、虾之类的生物激素含量较高的动物饵料；对于温室龟生殖器脱出症，将病龟静养在一个池子，更换口碑好的品牌配合饲料，适当减少投喂量，补充复合维生素，必要时进行手术治疗。

实例1：2012年5月1日，钦州出现鳄龟脱肛症（图2-84）。龟主Tiffany反映，昨天发现她养殖的鳄龟3只，其中1只出现脱肛症，起因于这段时间喂了10天的海鱼。由于目前海鱼处于生殖季节，其生物激素含量较高，鳄龟摄食后，受性激素刺激，引起脱肛。治疗方法：将露出的脱肛部分塞进泄殖孔，并用创可贴或胶带纸暂时封住，晚上封住，第二天早晨解除；用青霉素药液涂抹泄殖孔，预防感染；更换饲料，不再用海鱼投喂，但可以使用未发育的淡水鱼。

图2-84 鳄龟脱肛症（Tiffany 提供）

实例2：2012年5月17日，广西北流市网名为只求更好的养殖者，遇到同样的问题，一只鳄龟生殖器脱出，在笔者指导下，先是采用保守疗法不见效果，之后采用手术治疗，顺利解决了疑难问题，目前这只鳄龟状态良好，已经恢复摄食和正常排泄功能。

实例3：2012年6月2日，南宁养殖者蓉儿养殖的乌龟脱肛（图2-85）。已经破口冲血，上了一些云南白药粉。笔者建议采用保守治疗的方法，将脱肛的外露部分塞进泄殖孔内，再用创可贴或胶带纸封住，晚上封，第二天早晨放开，每天1次，一般需要

3次；暂时停止使用颗粒料和海鱼。可以用河鱼投喂，将河鱼的性腺清除掉，龟主投喂小刀鱼也要去性腺。治愈后，投喂颗粒饲料需要换新的可靠的品牌饲料。

图2-85 乌龟脱肛症（蓉儿提供）

实例4：2012年6月4日，天津养殖者HEDY反映，她养殖的麝香龟脱肛。原因是上周产卵后，出现此症，并且越来越严重。可能是产卵后泄殖孔周围的肌肉组织受损松弛，短期难以恢复导致（图2-86）。治疗方法：将泄殖孔周围用双氧水消毒；将脱出额部分塞进泄殖孔；用创可贴或胶带纸封住，一般晚上封上，第二天早晨解除封贴。这样做需要3次左右，每天1次。

实例5：2012年9月14日，广西北流市网名为"蝴蝶"的养殖者，遇到鳄龟生殖器脱出的问题，在笔者的指导下，采用保守疗法，结果鳄龟痊愈，现已恢复正常摄食（图2-87和图2-88）。

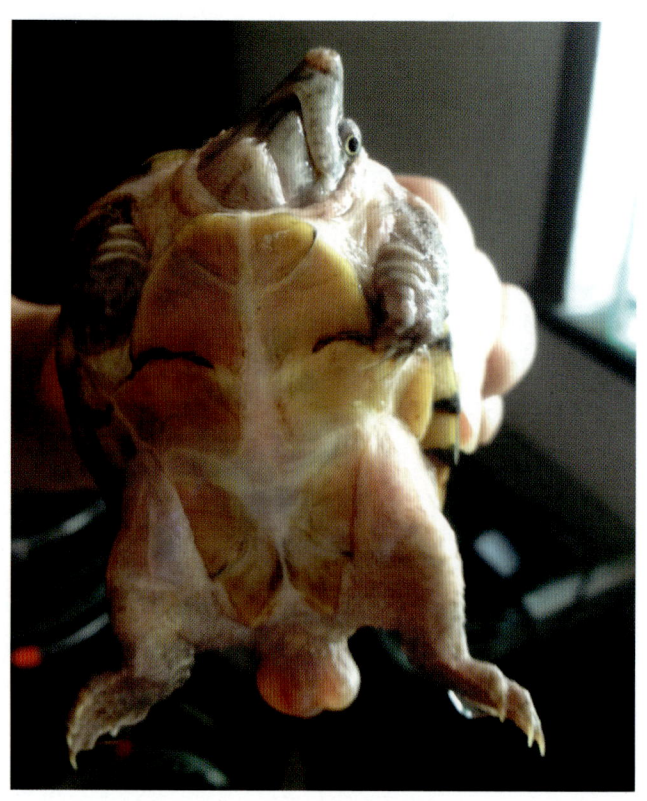

图2-86 麝香龟脱肛症（HEDY提供）

图2-87 鳄龟生殖器突出（蝴蝶提供）

图2-88 鳄龟生殖器脱出症治愈（蝴蝶提供）

实例6：2013年3月28日，茂名养殖者饮水思源反映，他的石龟发生生殖器脱出现象，上中国龟鳖网群求治。笔者指导：用生理盐水清洗龟生殖器；将龟生殖器送回泄殖腔；用胶带纸封住生殖器不要脱出，第二天早晨将胶带纸松开。看情况，可能需要反复几次。龟主当天晚上，将生殖器送进泄殖腔，推的过程中，有少量血水渗出。第二天，石龟正常，未见生殖器脱出（图2-89和图2-90）。第3天，龟已恢复摄食，痊愈。

实例7：2014年11月28日，笔者指导的一例是广东肇庆的龟友养殖的石龟出现生殖器脱出（图2-91），根据笔者的诊断，建议采用保守治疗措施，经过10天左右的治疗时间，龟主反映，龟生殖器脱出症已治愈，并反馈治疗前后对照图片（图2-92）。

图2-89 石龟生殖器脱出（饮水思源提供）

图2-90 处理后第二天生殖器未见脱出（饮水思源提供）

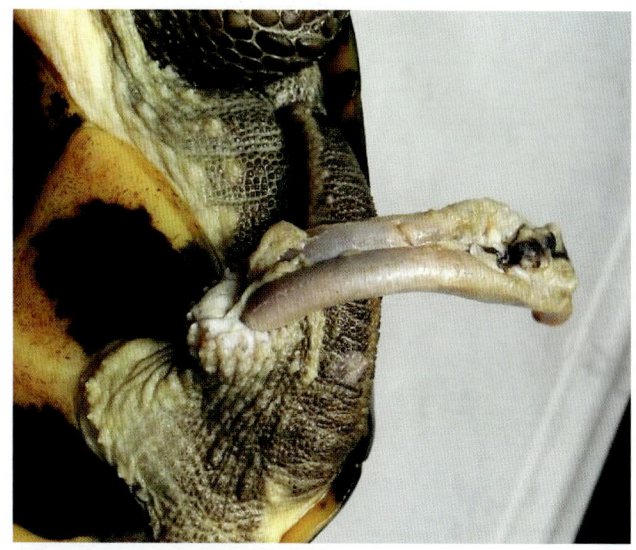

图2-91 龟生殖器脱出症治疗前

图2-92 龟生殖器脱出症治愈后

实例8：茂名沙琅也出现了这样的病例。2015年2月23日网友漂-沙琅反映鳄龟出现了生殖器脱出症（图2-93）。经过笔者指导，进行治疗，结果一次见效。2015年2月24日龟主高兴地告诉笔者，此龟已基本痊愈（图2-94）。

具体做法：在脱出的生殖器和周围用低浓度的聚维酮碘消毒，或用头孢粉化水消毒，也可以用左氧氟沙星消毒；接下来用医用镊子，在镊子的头部用胶布包裹1～2层，轻轻地将龟的生殖器送回泄殖腔内，之后用胶带纸封住，不要让生殖器滑出，一般在晚上做，封住之后，到第二天早晨打开胶带纸，观察生殖器是否有脱出现象，如果没有就可以了，如果仍然脱出，可以再做1～2次，最多3次就可以痊愈，大多数情况下，一次就可以达到效果；治疗期间干放，注意环境卫生和安静舒适的环境，不要惊动龟。

图2-93 鳄龟生殖器脱出治疗前

图2-94 鳄龟生殖器脱出治疗后

14. 龟生殖器肿大症

2012年9月22日，广东云浮刘萍反映，她养殖的石龟出现生殖器肿大症。据她说是朋友的石龟寄在她家里养殖，两只雄性石龟中有一只龟生殖器肿大，特别粗，在水中3次见到有血水染红水体，已停食。分析可能是这只病龟生殖器有炎症，引起发炎的原因可能是交配频繁引起，秋季是龟交配的旺季，两只公龟也经常骑在对方身上交配，会不会是生殖器在交配时受伤？又或者几天没喂食，生殖器伸出来时不小心被对方咬伤？此龟体重800克（图2-95）。治疗方法：氧氟沙星注射液，规格0.1克：5毫升，注射剂量为每次1.5毫升，每天1次，连续6天为1个疗程（实际使用剂量0.1毫升，一次见效，并使用青霉素浸泡）。2012年9月23日，刘萍反馈治疗结果显著，今天龟已恢复摄食。她说："那只打针的龟今天我丢了两小片猪肉给它，它都吃掉了，前三四天喂鱼它都不吃。"对于注射剂量，她按照说明书，每千克动物体重一次注射0.1~0.2毫升，她用2.5毫升的针筒仅注射了0.1毫升，没想到，见效这么快，今天就吃食了。此后，病情有反复，又出现拉血现象，因此继续注射。剂量为：氧氟沙星注射液，规格0.1克：5毫升，每次0.5毫升，连续两针后恢复摄食，给5片小鱼肉，吃了4片，不再拉血。

2012年9月11日广东茂名市沙琅镇养殖者梦云发现有个石龟种龟，体重1千克，雄龟泄殖孔附近肿大，交配时擦伤。笔者建议治疗方法：每天肌肉注射头孢曲松钠0.2克，剩下的药物用于浸泡，注射了两天。13日改用左氧氟沙星（规格为0.2克：100毫升）水剂，直接抽取药水注射，每次注射2毫升，连续6天。18日基本已经消肿下水。

图2-95　两只雄性石龟对照，右龟生殖器肿大（水静犹明提供）

15. 龟顽固性皮炎

2012年9月24日，茂名电白水东镇养殖者陈杨帆反映，他家里养殖的石龟，5年的母龟，6年公龟，用胶板池养，水是自来水，三分一是沙池，食物为鱼和南瓜饲料。发病已有3个月，主要病灶为龟的下颌和脖子有面积大小不一的红斑，少数龟的前腿也有红斑（图2-96）。共30只石龟，发病率50%左右，龟的规格1～1.5千克。因怀疑患水霉病使用过金霉素、土霉素、聚维酮碘、高锰酸钾等药物浸泡，未见效果，尚未发生停食现象。两周前水体中见有红虫，两天投喂一次，换水也是两天1次。池水深度17厘米左右。时而见到白眼症状，这与直接使用自来水，偶尔使用井水，不经过等温处理，产生应激有关。分析认为，因经常应激引起龟的体质下降，环境消毒不够细致，导致细菌对皮肤的感染。初步诊断是顽固性皮炎。

防治方法：等温换水，杜绝应激再次发生；使用"双抗"浸泡，每千克水体加青霉素和链霉素各40万国际单位；肌肉注射左氧氟沙星（0.1克：5毫升）2毫升，连续6天。

图2-96 石龟顽固性皮炎（陈扬帆提供）

16. 龟氧气过饱和症

2012年5月6日，来自海南澄迈的网友东反映，他养殖的巴西龟几天没喂，今天喂了，过一会就发现死了一个，左侧下部腋窝处鼓一块，打开后，发现是个气泡撑的，不过这只肠道里没料。注意等温换水，水色不绿，基本透明，室内靠窗，但内壁上长有一层绿色。

解剖发现，巴西龟肺部充满气泡，死亡由此而生。主要原因是养龟池壁上长满绿藻和苔藓类，中午过后，阳光充足，绿藻的光合作用，使得水体中氧气过饱和，龟在此环境下，通过呼吸，将过饱和氧气吸入肺部，过多的微气泡引起呼吸受到抑制（图2-97）。主人明白死因后说：熬过一个冬天，居然是因为氧死了。

解决的方法：清除池壁大量的绿藻类植物，保持水体为清活嫩爽的良好生态。

图2-97 龟氧气过饱和症（东提供）

17. 龟咬尾

2012年8月11日，南京的一位网友李明咨询，问他养殖的黄喉拟水龟为什么会发生咬尾现象？有什么办法避免？这位网友的养龟基本情况是这样的：饲养环境是塑料盒，长70厘米宽25厘米，每个盒子放5只苗。实际上龟咬尾与3个因素有关，应在环境、密度和饲料三者找原因，减弱光线，满足饵料，适当密度和大小分养都是避免咬尾的方法。此外，灯光的使用，照射在尾部，使得尾部发白，引诱其他龟类，以为是饵料，也是咬尾诱因。在上述分析中，最关键的因素是光线太强造成咬尾，为避免这一现象发生，在龟苗培育期，可将室内光线调到最暗，一般用窗帘布调节，平时拉上窗帘，不让外界光线透入室内，只是在投喂饲料时才打开窗帘，喂食完成后，再拉上窗帘。咬尾不仅发生在黄喉拟水龟，黄缘盒龟、鳄龟等龟类也会发生咬尾现象（图2-98）。

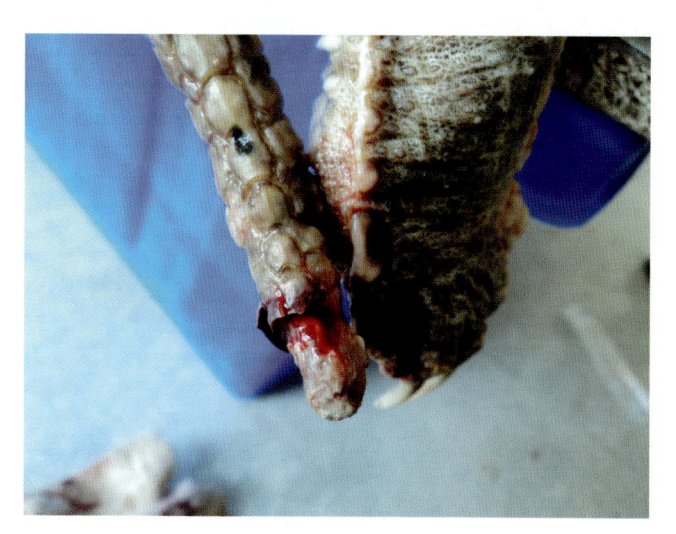

图2-98 龟咬尾（柳英提供）

18. 龟肿颈病

实例1：2013年广西北流养殖者阳光女孩反映，她养殖的石龟出现脖子肿大现象（图2-99）。通过了解，她总共养殖85只石龟亲龟，规格900~1500克，其中12只发病，脖子下面有几点红，脖颈肿大，已死亡1只，解剖发现肝脏肿大。使用云南白药未见效果。发病已有两个月。饲料使用的是淡水鱼虾和某配合饲料。正常换水，暖天换水，先放水，后冲洗换水。笔者分析认为，脖子肿大，一般与投喂过变质饲料和使用过质量不过关的配合饲料有关，因为不好的饲料电解质不平衡，会引发这种症状。诊断：疑似变质饲料引起的肿颈病。防治方法：肌肉注射左氧氟沙星（0.5克：5毫升）2毫升，每天1次，连续6天为1疗程。使用新鲜动物饲料，改用品牌可靠的配合饲料。2013年2月16日，龟主反馈，龟已痊愈，龟头可以收缩回去了（图2-100）。

图2-99 龟肿颈病（阳光女孩提供）

图2-100 龟肿颈病治愈头部可以缩回（阳光女孩提供）

实例2：2013年4月3日，广东惠州养殖者从今以后反映，她养殖的石龟也发生肿颈病（图2-101）。

图2-101 龟肿颈病（从今以后提供）

实例3：广东顺德李广源养殖的黄缘盒龟发生肿颈病。2014年8月4日，笔者到广东顺德花之星名龟园参与全国缘苗展销会筹备，应邀来到李广源的养龟场，为该场出现的黄缘盒龟病进行诊治。其中

一只黄缘种龟颈部肿大，摸上去很软，咽喉部及颈肿胀，脖子伸长难以缩回，外部不红，似鳃腺炎。但根据笔者分析，可能是摄食过残饵或喝到脏水引起，从病情和病变看，应属细菌性疾病（图2-102）。

治疗：肌注头孢噻肟钠（1克∶5毫升）0.75毫升＋地塞米松（5毫克∶1毫升）0.25毫克，每天1次，连续6天，结果治愈（图2-103）。

图2-102 黄缘盒龟肿颈病治疗前

图2-103 黄缘盒龟肿颈病治愈后

19. 龟张嘴型应激综合征与脂肪代谢不良症并发病

广东东莞逗逗养殖的亚达伯拉象龟发生张嘴型应激综合征与脂肪代谢不良症并发病（图2-104和图2-105）。2014年9月1日，龟主反映，家里接近3千克的亚达伯拉象龟，今天发现异常，大概情况如下：这两天发现它窝在狗屋里不怎么动，今天特意抓了出来，发现四肢肿大，放地上爬行困难，后腿拖地。抓在手上会伸长脖子，不时张嘴，口里有少量黏液。平时以放养为主，晚上抓回狗屋里，屋内放有喝水的水盘，基本1天一换。龟基本不会在水里排便。平时都是以喂食各种菜叶为主，有时家里人会收市场里菜贩的剩菜喂食。

治疗：第一疗程3天：肌注庆大霉素0.5毫升+地塞米松0.3毫升，每天一次，连续3天。第二疗程将根据第一疗程决定治疗方案。

反馈：2014年9月7日，龟主反映：打了3天针，现在没见张口了。四肢水肿消失，但后肢拖行，这是背甲畸形后就发现的现象（以前不见拖行的，后来背甲粘甲变形后，就慢慢发现有拖行迹象了）。继续注射3针，同药同剂量治疗，巩固药效，并希望拖行症减轻。

2014年9月9日，龟主反映，龟尚未开食，但四肢有力，感觉体重有分量。已继续注射。龟的后肢拖行，龟主认为是背甲粘甲发育畸形后影响的。

2014年9月12日，龟主反映，亚达伯拉象龟开食了，但吃得不多暂时没有拍到进食的图片，人在的时候不吃，走开一段时间回来发现吃了一些。至此病已痊愈（图2-106和图2-107）。

图2-104 亚达伯拉象龟张嘴型应激

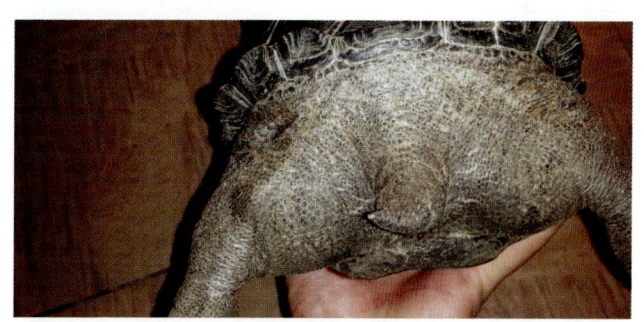

图2-105 亚达伯拉象龟并发脂肪代谢不良症

图2-106 亚达伯拉象龟张嘴型应激治愈

图2-107 亚达伯拉象龟并发脂肪代谢不良症治愈

20. 龟肿瘤病

目前，龟肿瘤不断出现，困扰养殖者。肿瘤夺取患体营养，产生有害物质，引起器官功能障碍。对于龟肿瘤病，一般治疗方法难以解决，采用手术治疗是终极方法。已发现肿瘤在鳄龟、珍珠龟、石龟和黄缘盒龟等龟类身上发生，部位主要有头部、脚部和尾部等，石龟肿瘤病发病率较高。现在给大家介绍的是广西南宁龟友西西在笔者指导下，对石龟苗肿瘤病进行手术的成功案例。她是外科医生，但对龟不熟悉，给龟做手术之前，向笔者咨询，笔者在关键点进行指导，她已两次给龟做手术。至此，笔者已成功指导河南、江苏、浙江、广东和广西等地养殖者对龟肿瘤进行手术。

实例1：2012年9月11日，茂名沙琅镇养殖者莫晓婵反映，她养殖的一只石龟亲龟，过去因肿瘤做过一次手术，但尚未切除干净，又鼓起来（图2-108）。肿瘤生长在龟的颈部。这次接受笔者的指导，先给龟注射头孢曲松钠0.2克，预防感染，然后动手术再次将肿瘤切除干净，并用云南白药止血（图2-109）。一周左右拆线。第2天，龟主反映，手术后龟依然很精神。一周后基本痊愈。

图2-108 肿瘤手术前（莫晓婵提供）

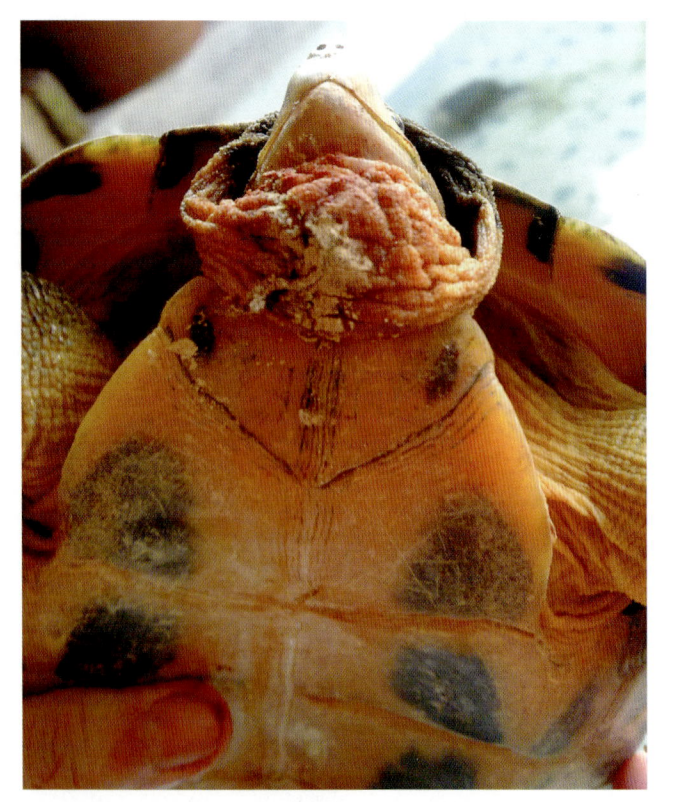

图2-109 手术后伤口涂上云南白药（莫晓婵提供）

实例2：石龟苗，体重48克，在头部两侧患有肿瘤样病灶。龟主反映，左边红肿，似有脓液，右边的肿物比较硬，好像是纤维瘤之类。但手术时发现，双侧肿瘤均为豆渣样物，很大。不是纤维瘤，属于粉瘤。皮脂腺囊肿俗称"粉瘤"，多分布于头部、躯干或生殖器的皮肤或皮下组织内，和附近组织有粘连，可被推动。主要由于皮脂腺排泄管受到阻塞，皮脂腺囊状上皮被逐渐增多的内容物膨胀所形成的潴留性囊肿。其特点为缓慢增长的良性病变。囊内有白色豆渣样分泌物。皮脂腺囊肿突出于皮肤表面一般无自觉症状，如继发感染时可有化脓。临床表现：皮脂腺囊肿突出于皮肤表面，患者一般无自觉症状。肿物呈球形，单发或多发，中等硬，有弹性，高出皮面，与皮肤有粘连，不易推动，表面光滑，无波动感，其中心部位可能为浅蓝色，有时在皮肤表面有开口，挤压可出豆腐渣或面泥样内容物，若并发感染可出现红肿炎性反应。治疗应手术切除。手术是皮脂腺囊肿唯一的治疗方法。手术中可在与囊肿相连的皮肤，尤其是见到导管开口时，沿着皮纹方向设计梭形的皮肤切口，连同囊肿一起摘除。分离时应特别小心，囊壁很薄，应当尽量完整地摘除。如果残留囊壁，则易复发。

发病机理：分析是龟头部瘙痒，龟用爪挠痒，结果破坏了皮肤，水质可能在换水前有点恶化，细菌感染，这时皮脂腺被堵塞，引起潴留，从而形成粉瘤（图2-110和图2-111）。

图2-110　龟头部左侧肿瘤手术治疗前

图2-111　龟头部右侧肿瘤手术治疗前

手术治疗：术前注射一次头孢噻肟钠0.02克，预防感染；用医用剪刀剪除肿瘤；在伤口涂上云南白药，干养。经过手术治疗，结果已治愈（图2-112和图2-113）。

预防：为预防皮脂腺囊肿发生，应注意以下几方面：保持良好水质，龟皮肤清洁，使皮脂腺开口通畅，利于分泌物排泄。龟用脚爪抓挠，引起皮肤感染，破坏皮脂腺开口，导致皮脂腺分泌物潴留，促使皮脂腺囊肿形成。

图2-112 龟头部左侧肿瘤手术治愈后

图2-113 龟头部右侧肿瘤手术治愈后

二、鳖类疑难性疾病

1. 鳖白底板病

笔者应邀于2010年7月3—4日去广东肇庆市超凡养殖场诊断并治疗因温差引起的中华鳖恶性应激，现场看到因应激导致病毒性白底板病发生，鳖大量死亡。该场由两个分场组成，合计养殖面积230亩，放养鳖10万只，因病死亡率已达50%，直接经济损失100万元，病情十分严重。通过仔细观察发现，应激原是低温山泉水，从山上引入鳖池，直接冲入，每天都要补充山泉水，单因子应激不断重复刺激中华鳖，由此产生累积应激。现场测量山泉水温26℃，鳖池水温白天33℃，晚上32℃。因此温差白天7℃，晚上6℃。病鳖出现白底板症状，解剖可见肺部发黑、肠道穿孔淤血、鳃状组织糜烂（图2-114至图2-117）。

图2-114 白底板症状

图2-115 肺部发黑

图2-116 肠道穿孔

图2-117 肠道淤血

采用笔者的发明专利方法进行治疗。在每千克鳖饲料中添加维生素C 6克、维生素K_3 0.1克、利康素2克、生物活性铬0.5克、病毒灵1克、喹诺酮类药物2克，连续使用30天，每周1次全池泼洒25毫克/升生石灰。经过1个月的治疗，鳖的死亡逐渐减少，结果痊愈。笔者于10月16—17日再次被该养鳖场邀请，这次主要是针对鳖钟形虫病的治疗，期间笔者和他们一起品尝了治愈的中华鳖，对其美味大家一致肯定，计划在适当的时候上市。

根据此病例分析，如果不及时治疗，继续拖延，鳖的死亡率可达100%。因为单因子应激累积，变成恶性应激，鳖的生物功能受损，免疫力下降，机体被病原体感染，传染性的白底板病出现，就不再是简单的应激，而是毁灭性的鳖白底板病。

2013年6月14日，养殖者陆绍燊反映，广西横县的一家珍珠鳖养殖场，在使用冰冻鱼喂珍珠鳖亲鳖时，使用过变质鱼，结果珍珠鳖出现白底板病。解剖后发现鳖肝、肺等内脏变性，肠道穿孔，外观鳖底板发白，毫无血色（图2-118）。

图2-118 广西横县发生鳖白底板病（陆绍燊提供）

2. 鳖红底板病

鳖红底板病又名赤斑病、红斑病。底板呈红色斑点或整块红斑。同时伴有溃烂水肿，有的鳖口鼻流血。解剖可见肝脏发生病变，有的呈黑色，有的花斑状。肠道局部或整段充血发炎。有的腹腔有积水。主要危害对象是幼鳖、成鳖和亲鳖。死亡率较高，一般为20%～30%。病原尚未确定。有报道发现球形病毒，直径80纳米。有学者认为，红底板病的病原为嗜水气单胞菌，分离到的菌株为气单胞菌属的嗜水气单胞菌。2013年2月23日，广西横县养殖者陆绍燊反映，他所在的养鳖场发现珍珠鳖底板和四肢发红，在皮肤表面可见里面有一个个气泡，并出现一定的死亡。经笔者诊断为鳖红底板病（图2-119和图2-120）。

治疗方法：控制放养密度，改善底质和水质。早发现，早治疗。比较有效的治疗方法是：每千克鳖注射丁胺卡拉霉素15万～20万国际单位，或庆大霉素4万国际单位。一旦发现红底板病，立即给病鳖注射丁胺卡那霉素，一般9针见效。注射后可放在30毫克/升氟苯尼考浸洗30分钟。并口服病毒灵（每日每千克鳖4～6毫克）和左氧氟沙星（每日每千克鳖50毫克），6天为1个疗程。

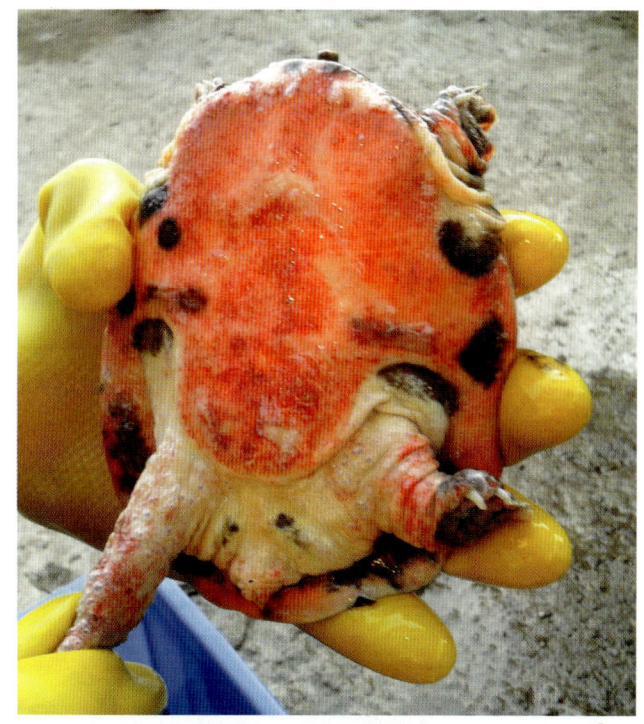

图2-119 鳖红底板病（一）（陆绍燊提供）

3. 鳖鳃腺炎

鳖鳃腺炎是一种病毒性疾病，主要特点是鳖脖子肿大但不发红，一旦感染死亡率较高。

实例1：2012年6月21日，山东菏泽养殖者志伟反映，他养殖的鳖发生严重的鳃腺炎病，死亡率高达60%。经调查，该养殖者购买的是当地温室甲鱼，温室里没有加温，5月20日购买时，感到温室内外温

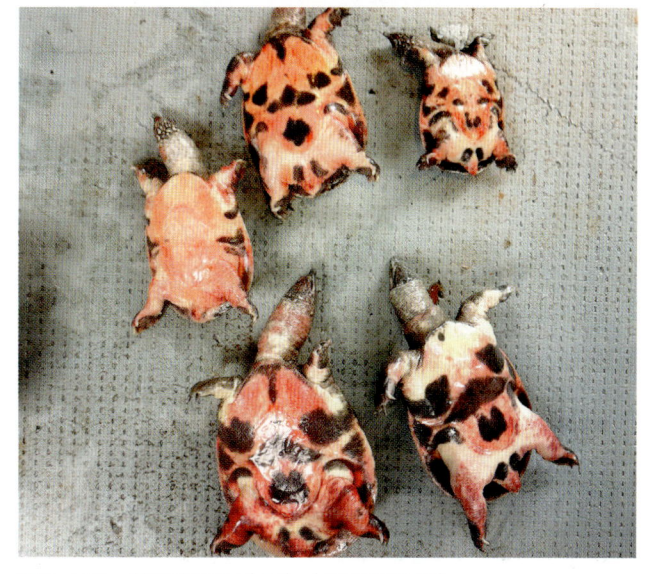

图2-120 鳖红底板病（二）（陆绍燊提供）

差7℃左右，使用河水冲洗，回去放养消毒，使用也是河水，应该没有温差。放养时让鳖自行爬入池水中，没有操作失误。主因温室鳖移出来的温差，引起的恶性应激，鳖体质下降，病毒感染，引起鳃腺炎发生。从图片上看，鳖死亡时头颈伸长，脖子内鳃腺充血，内脏解剖未见明显病变（图2-121）。

图2-121 山东发生鳖鳃腺炎（志伟提供）

实例2：2012年6月17日，湖南省常德市西湖区西湖镇养殖者刘顺成反映，20天前鳖从温室移到露天池，移出前温室早就停止加温，早上移出，应该没有温差。移出后，遭受一场暴雨，断续5天，此后出现鳖死亡，这些死亡鳖有去年的存塘老鳖，也有今年的新鳖，据分析，与温室鳖转群没有关系。仅投喂配合饲料。该池放养3 000只鳖，现在每天死亡十多只，主要症状是：鳖爬上岸才死亡，头部伸得很长，腹部未见白底板症状，部分鳖腹部有红点，头部未见肿大，解剖后鳃状组织发炎发红，内脏未见明显病变（图2-122）。据此诊断：鳃腺炎。初步分析发病原因：与暴雨袭击，引起应激有关。应激后，部分鳖体质下降，病原体乘虚而入，病毒感染，引起鳃腺炎。

治疗方法：病毒灵1毫克/升、喹诺酮1毫克/升、维生素C 1毫克/升全池泼洒；每千克饲料中添加病毒灵3克、喹诺酮2克、维生素C 5克；对已发病的鳖进行注射药物，每千克鳖肌肉注射头孢曲松0.1克和地塞米松0.25毫克。

图2-122 湖南发生鳖鳃腺炎（刘顺成提供）

4. 鳖红脖子病

广西横县一家养鳖场发生珍珠鳖红脖子病。2013年1月21日，养殖者陆绍桑反映珍珠鳖亲鳖由于长期摄食了不新鲜的海鱼，引起脖子红肿，最近发现有两只在冬眠期爬到食台上来，头缩不进去，不肯下水。抓起病鳖，用针尖刺破病灶，有血水流出来。起初不知道是什么病，以为就是水肿。根据图片分析，诊断为红脖子病（图2-123）。

防治方法：预防：对养鳖池使用生石灰25毫克/升全池泼洒；治疗：用庆大霉素注射，每次注射4万国际单位，连续6天。

图2-123 珍珠鳖红脖子病（陆绍燊提供）

5. 鳖烂颈病

烂颈病主要特点是鳖的颈部溃烂，皮肤与肌肉分离，拉开皮肤，就会露出里面的肌肉（图2-124）。主要危害温室养殖鳖，在稚鳖和幼鳖期发病比较严重，如不及时治疗，每天都会出现大量死亡，给生产造成很大的经济损失，已成为一种疑难性传染性疾病。这种病多与微调换水采用低温河水等温不够有关，也与密度较高，鳖相互撕咬有关，往往真菌先感染，细菌继发感染。如果仅用抗细菌的药物难以治愈，需要先使用抗真菌药物，接着使用抗细菌药物，才能取得理想的治疗效果。

图2-124 珍珠鳖烂颈病

2013年1月6日，上海浦东养殖者邬林龙反映他养殖的台湾鳖出现烂颈病，死亡比较严重（图2-125）。温室3 000平方米，养殖7万只台湾鳖，目前规格50克，这批鳖已养殖61天。台湾鳖一般不会出现鳃腺炎，但会出现烂颈病和烂脚病，而日本鳖在温室养殖中容易发生鳃腺炎。从鳖苗放养后第2个月开始烂颈病发病严重，发病率25%左右，每天死亡30～70只，平均每天死亡40只左右。

预防方法：大小分养；设置网巢；等温换水；每半个月一次使用生石灰消毒，终浓度为每立方米水体25克。

治疗结果：鳖主反馈，经过一个疗程的治疗，病情得到控制。具体方法是将病鳖隔离到一个新池：先用亚甲基蓝1毫克/升全池泼洒，每天1次，连续2天；再用氧氟沙星20毫克/升全池泼洒，每天1次，连续2天。用药期间摄食不受影响。

鳖，尤其是中华鳖，或是台湾鳖，好斗是其习性，当温室内养鳖密度加大进行集约化养殖时，在水质偏清的情况下，容易出现相互撕咬的现象，因而造成伤痕，这样病原微生物就会乘虚而入，感染伤口，由于温室在微调换水时，有时调温池水体不够的情况下，直接加入外河凉水，形成局部温差，在这种情况下，温度较低适应真菌感染，因此，真菌病发生，接下来细菌继发感染，造成双重感染。所以治疗难度也就来了，变成疑难病。在治疗上，如果仅仅用杀菌药物，就是抗生素类的杀灭细菌的药物是治不好的，应该先用治疗真菌类药物，再用杀灭细菌的药物，才能根除此病。很多养殖者不知道这一原理，由此拖延病情，最终导致养鳖成活率降低。

图2-125 台湾鳖烂颈病

6. 鳖漂白粉中毒

2012年7月7日，广西横县养殖者陆绍燊反映，广西横县的一例过量使用漂白粉对山瑞鳖消毒引起的中毒。

一个新手朋友给山瑞鳖消毒，漂白粉量用多了，造成氯中毒，还好发现及时，马上分池隔离，消毒过后就5分钟时间，山瑞鳖都伸长脖子逃离水面，个别鳖马上翻身扑水（图2-126）。一个池子50只山瑞鳖，放了两碗漂白粉，气味刺激，人都感觉头脑发昏。

该池子30平方米，水深50厘米，使用漂白粉估计有300克以上，按照标准用量1毫克/升计算，实际使用超标20倍以上。

漂白粉是次氯酸钠、氯化钙和氢氧化钙的混合物，为白色至灰白色的粉末或颗粒。有显著的氯臭，性质很不稳定，吸湿性强，易受水分、光热的作用而分解，亦能与空气中的二氧化碳反应。水溶液呈碱性，水溶液释放出有效氯成分，有氧化、杀菌、漂白作用，但有沉渣，水表面有一层白色漂浮物，对胃肠黏膜、呼吸道、皮肤有刺激，并会引起咳嗽和影响视力。

中毒后第二天，个别山瑞鳖眼睛有点肿大，并发出嚎叫声。鳖反应迟钝，眼睛外膜也鼓出来。用金霉素眼药水涂眼睛效果不明显，因为鳖的眼睛已被强氯灼伤，用金霉素没用。

急救措施：换清水（图2-127）；水中增氧；用生理盐水雾化喷入鳖的口腔。整池都是雌山瑞鳖，中毒严重的，马上死了1只，第2天死了两只。山瑞鳖，其规格较大，最大有2千克，平均1.5千克左右。

图2-126 中毒后山瑞鳖伸长脖子、呼吸困难（陆绍燊提供）

图2-127 山瑞鳖中毒后放入清水中（陆绍燊提供）

第三节 应激性疾病

环境稳定、饲料卫生和生态平衡是预防龟鳖应激性疾病的三大法宝。什么是龟鳖应激？龟鳖内平衡受到外来威胁所做出的生物学反应。什么是龟鳖疾病？龟鳖生态系统失衡的表现。应激是由应激原引起的，应激原主要包括龟鳖转群、长途运输、温度突变、呛水、雷雨季节气候急剧变化、药物刺激、水质恶化、严重缺氧、氨中毒、非等温放养、非等温投饵、非等温换水、受惊吓（内脏破损、缺糖、体瘦、不食、最终死亡）等。在应激原作用下，龟鳖交感神经系统兴奋，肾上腺组织分泌儿茶酚胺类激素，下丘脑室旁核释放促皮质激素，诱导垂体分泌促肾上腺皮质激素和肾上腺肾间组织分泌皮类固醇（皮质酮和皮质醇），通过龟鳖能量储存、糖异生，抑制生长繁殖，促进逃避等。糖异生是生物体将多种非糖类物质如氨基酸、丙酮酸、甘油等合成葡萄糖的代谢过程，是维持血糖水平的重要过程，肝与肾是糖异生的主要器官。龟鳖应激可以预防和缓解，常用的龟鳖抗应激药物有10种。

广东惠州养殖者新购黄缘盒龟，在预防应激方面取得突破。2011年7月19日，惠州王建灵上网咨询笔者，她说："我是您最忠实的读者，看了《龟鳖高效养殖技术图解与实例》中您对黄缘的分析斟酌再三才决定养的。我是女性读者，不过我的爱人和家公非常支持，都是我一人在照料这些龟，养出感情了，所以非常害怕面对龟的死亡。我从事护理工作17年，护理病人我懂，对于龟，我是门外汉。2011年6月，先是引进13只，后来又进了一批野生台缘，现黄缘为55只，平均750克左右，每500克1 770～1 900元。半月前因全部一起放养，结果有个别黄缘拉墨绿色的稀烂便，并且导致一只死亡，后来给黄缘使用庆大霉素治疗后基本控制。并用大箱立体养殖隔离，箱内放少许浅水，有三分之一的干处，也没放沙，担心这样的环境，黄缘会交尾吗？从开始到现在总共死亡3只黄缘。主要采用注射头孢曲松钠，每只龟0.02克，3针见效。并在食物中添加维生素C和B，我投喂的是香蕉和胡萝卜，将胡萝卜切成丁，然后把维生素捻碎拌匀给它们吃，所放全部吃完，没敢再加量。但死了一只，剖开见其中的一个肺叶涨得像气球，肺气肿。第一只是死后才想到注射，后面是预防注射，但最后一批注射的天数不够，发现绿便又没办法知道是哪只龟，耽误两天后才用庆大霉素控制住的。通过注射药物防御，已经成功地让它们安然度过应激期。"（图2-128）

图2-128 惠州养殖者王建灵采用三针预防使台缘度过应激期

一、龟应激性疾病

1. 龟白眼型应激综合征

实例1：2012年9月9日，广西柳州养殖者彭永青反映，他养殖的石龟苗应激。7月15日陆续购入250只石龟苗，分盆局部加温方法养殖，调温池蓄水时间8小时，但有时不严格要求，换水不够，或者忘记补充水箱蓄水时，直接使用自来水带来温差应激。长势不错，规格有20~30克，半月前其中一盆陆续出现白眼症状，眼睛紧闭，甚至有口吐白沫现象，无精打采，不觅食，已死亡20只，现有20多只白眼（图2-129）。根据养殖者提供的图片和养殖过程进行分析，笔者诊断为：温差引起的白眼型应激综合征。防治方法：严格等温水换水；使用氟苯尼考浸泡，浓度为每盆每次5克，每次换水后使用药物，浸泡到下次换水前。后逐渐治愈（图2-130）。

图2-130 龟白眼型应激综合征治愈（彭永青提供）

实例2：2012年1月13日，广州杨春反映，从12月10日发现缅甸陆龟病了，就开始打针，当时脖子、舌头都是红的，鼻子冒泡泡，后来通过连续打针5天，晒太阳等，然后用药，加温到22~24℃。又打3针，鼻子的泡泡少了很多，几乎没有了，口腔的分泌少了一点，眼睛也不红了，但就是不愿意睁眼，脖子也不红了，看起来感觉有好转，但其实不然，因为它越来越没有力气，拉它的腿没有敏捷的反应。主要发病原因是在14℃的自然温度下，用34℃的热水泡澡，结果引起温差20℃的恶性应激反应，出现白眼型应激综合征（图2-131）。治疗：肌肉注射头孢噻肟钠0.2克+地塞米松0.25毫克+1毫升生理盐水，每天1次，连续6天；用食盐水浸泡，浓度为每千克水中加食盐5克，每天1次，每次浸泡0.5~1小时，最好眼睛要能浸泡到；用氟苯尼考药水涂抹龟的眼睛，反复多次涂。结果：2012年1月17日，龟主反映，注射治疗3天，加上食盐浸泡，眼药水

图2-129 龟白眼型应激综合征（彭永青提供）

涂眼睛，早上上药的时候，发现眼睛睁开了，发生根本好转。看得出，劫后余生，样子很疲惫（图2-132）。龟的眼神告诉主人，一场大病后很疲惫，但终于得救了。目前仍有3只缅甸陆龟用同样方法治疗。这3只中有两只白眼，这两只白眼的龟经过治疗眼睛都已经睁开。一个疗程6次注射后，有所好转，眼睛虽然睁开，但舌苔较厚，继续注射第二个疗程，当地医生改用营养和消炎针（台湾产），注射两针后停药，舌苔少了。继续注射第三个疗程，连续注射10天抗生素，结果痊愈。

实例3：2012年9月19日，广州出现庙龟白眼型应激综合征。龟主是杨春。"人龟同眠"只是传说，现实中就有这样的真人真事。广州的杨春爱龟如爱己，每天与龟同眠，她家里养了好多龟，一旦接到家里来，就相伴终身。最近，她的一只庙龟生病了，有白眼症状（图2-133），停食。后来在笔者的指导下用药，很快得到康复。为此，将她写的日记与大家分享："我有一只庙龟，体重2.85千克，于2012年4月中旬接到我家来住，成为陪伴我人生的心爱的宠物。它是一种不喜欢水的龟，平时放进水里，不到半个小时就挣扎要出来，出来后在客厅溜达一遍，就去阳台，再去副阳台，副阳台是露天的。它总喜欢呆在阳台的大花盆边上，中午，龟的身体有一部分能够直接照射到阳光，另一部分被花叶挡住，我每天就只给它进水3次，早上7：30一次，有时间的时候喂食物，晚上19：00以后进水

图2-131 缅甸陆龟白眼型应激综合征（杨春提供）

图2-132 缅甸陆龟白眼型应激综合征治疗后眼睛睁开（杨春提供）

图2-133 庙龟白眼型应激综合征（杨春提供）

为固定的喂食时间，基本只有这个时候有时间喂，因为它养成了个毛病，就是要让人手拿食物给它才吃，直接放进盆里它不吃。夜里23：00再进一次水。9月3日，我去离我住处不远的妈妈家吃饭，饭后，突然一场大雨夹着闪电急急袭来，我想到了庙龟还在阳台上，之前学习过《龟鳖病害防治黄金手册》写的关于应激问题，想到我的龟会存在应激的危险，但我从小怕雷电，不敢回去，我叫我侄儿回去帮我把龟收进屋，我侄儿又不肯，我只能窝在沙发里祈祷。但就是我的麻木，真的使龟生病了，第二天早上发现龟没有胃口，中午时发现龟吐了，吐出了昨晚吃的水果和虾肉（每千克46元的新鲜虾肉）。我平时针对龟的一些小毛病能应付下来，但龟吐食物我是没有办法的，于是求助《龟鳖病害防治黄金手册》作者，章老师开出了针剂药方，我联系了几家动物医院都没有这药，之后找到了一家。带庙龟去医院的路上，庙龟还拉稀，便便带有像肠黏膜一样的东西裹住一些软成型的便块。按章老师药方3天打针治疗，白眼症状消失了。回来调养了几天后，于9月9日晚上有了食欲，虽然吃了两小口，但毕竟在慢慢恢复中。现在这只龟已完全康复。"（图2-134）。

图2-134　庙龟白眼型应激综合征治愈（杨春提供）

实例4：黄额盒龟非常漂亮，国外称之为"花背龟"，头色多变，分红头、黄头和黑头等，尤其是红头额，惹人喜欢。无数额迷竟折腰，纷纷引种养殖，但由于黄额盒龟在引种过程中遭遇多次累积应激，尤其是打水、加冰和冲凉等应激原，对额龟都是致命的打击。因此，不少养殖者都遭遇了此龟暴毙的经历，扼腕叹息。广西北海养殖者紫薇，就遇到这样的情况。她养殖的黄额盒龟由于在运输途中被加冰，产生应激，后来经过一段时间的养殖，通过改善环境，使用药物解除应激等方法，一段时间龟的状况比较稳定，也能摄食。但秋季到来，气温开始不稳定，昼夜温差较大，引起龟产生新的应激，导致白眼症状出现（图2-135）。根据这种情况，找到原因后，龟主在笔者的指导下，使用新的药物（一种氨基糖苷类抗生素0.3～0.7毫升＋地米0.1～0.3毫升），破解了这一难题。只注射一针，一天后，白眼症状消除（图2-136）。此龟原来是很漂亮的龟，会回眸（图2-137）。在治疗前，病情非常严重，四肢变软，头部垂地，以为会死，主人对养额已失去信心。幸好换药医好。不久就开口摄食，逐渐恢复健康（图2-138）。

对于所谓的龟白眼病来说，很多人束手无策。白眼是应激综合征的晚期症状，并非一般意义上的白眼，对症治疗难以奏效。笔者根据龟的发病原因，正确诊治，采用对因治疗是解决此类疾病的有效方法。核心技术来自辛苦的研究与总结，笔者利用出书和聚会的机会，与读者进行广泛交流。

图2-135　黄额盒龟发生白眼型应激综合征

图2-136　经过治疗黄额盒龟眼睛睁开

图2-137　黄额盒龟回眸惹人喜爱

图2-138　黄额盒龟恢复摄食

2. 龟鼻塞型应激综合征

实例1：2012年12月26日，广西柳州龙旭辉养殖的石龟出现鼻塞型应激综合征。龟主反映，一个控温箱内86只中有1只规格50克的石龟苗出现鼻孔堵塞（图2-139），其他正常。控温28~30℃，可能是局部加温在换水时出现的个别应激现象，每次换水时间8分钟左右。对未发病的石龟采用泼洒维生素C 3毫克/升的方法进行预防。对于发病龟进行治疗。

治疗：隔离；用牙签轻轻地将石龟鼻孔的堵塞物质剔除；用药物浸泡，一般选用双抗，即青霉素和链霉素，每千克水体各加入40万国际单位，全池泼洒，长期浸泡，每次换水后用1次药物，连续5天。结果：第4天痊愈（图2-140），第5天继续用药，巩固疗效。

图2-139 龟鼻塞型应激综合征（龙旭辉提供）

图2-140 龟鼻塞型应激综合征治愈（龙旭辉提供）

实例2：2012年10月15日，广州养殖者杨春求救一只庙龟。由于龟有病，鼻孔堵塞，被龟贩子正在出售，她担心被人买去吃掉，善良之心驱使她花了850元买回来，对龟进行治疗，治愈后准备送给动物园。这只龟有8千克重，个体大，她没有治疗经验，求助笔者帮忙。经过初步分析，此龟的鼻孔堵塞可能是龟贩子在经营中，直接使用温差较大的自来水冲洗，引起的鼻塞型应激性综合征（图2-141）。因此对症下药：肌注头孢噻肟钠0.2克，每天1次，连续6天为一个疗程。2012年10月16日，龟主反映，第一针后，晚上见效，不叫了，鼻孔堵塞缓解了。治疗前，龟发出的声音是呼哧哧的，像人捏住鼻孔，上牙压住下唇，促气一样的感觉。2012年10月22日，龟主反映，目前庙龟状态较好，口鼻都没泡泡了，但鼻子还不通气，还要不要接着打针？已经连打6针了。不主动吃食，但扒开口给肉自己就吧嗒吧嗒地啃着吃。因此，笔者建议改用氧氟沙星注射，规格为0.1克∶5毫升。每次注射2毫升，每天1次，连续3针。2012年12月4日，大庙龟的鼻子通了，通了个小小的孔，鼻孔周边的烂处已经开始长新肉了。因药用太多，需要静养，主要是激活其自愈力。不久发现鼻子通气了，这只庙龟成功得到了解救（图2-142）。

图2-141 龟鼻塞型应激综合征（杨春提供）

图2-142 龟鼻塞型应激综合征治愈（杨春提供）

实例3：2012年3月28日，茂名黄东晓反映，他养殖的黄缘盒龟发生应激性感冒。龟主说：我有一只黄缘盒龟，是网上购买的，应该是在运输的途中产生了应激。出现的症状如下：活动量少，闭眼，低头，一边鼻孔有少许液体堵塞，手拿起龟，龟睁开眼睛，用维生素C浅水浸泡，在水中相对活泼一些，偶有爬行到太阳光底下晒背。诊断：龟鼻塞型应激综合征（图2-143）。笔者建议治疗方法：用青霉素40万国际单位＋链霉素40万国际单位溶化在1千克水体中进行浸泡，每天换药液一次，连续浸泡3天，效果不明显。2012年4月4日，笔者建议改用注射方法。注射头孢噻肟钠0.1克＋地塞米松0.1毫克，每天1次，连续注射6天为1个疗程。结果：仅半个疗程，3针见效。2012年4月7日，龟主反映，鼻孔已经通畅（图2-144），现在龟在没有人的情况下，还是喜欢睡觉，有人就醒来，缩脖子，都表现得比较灵敏。

图2-143　龟鼻塞型应激综合征（黄东晓提供）

图2-144　龟鼻塞型应激综合征治愈（黄东晓提供）

3. 龟鼻涕型应激综合征

实例1： 广州番禺庄锦驹养殖的乌龟发生鼻涕型应激综合征。2013年3月21日，龟主反映，感冒龟已经养了一年，体重60克，气温20℃，3月开始少量喂食，2013年3月9日连续几天发现龟都在池边，过冬期间温差大，觉得异常拿起来观察，发现龟流鼻涕，隔离单养，马上用可溶性阿莫西林泡了两天（一天泡一次），浓度没真正量过，大概是500毫升水放了绿豆大的阿莫西林粉，11日看见龟没有再流鼻涕了，就停泡药。14日，几天的单养也没流鼻涕，就放回池里养（图2-145）。20日，一星期过去了，期间喂食时这龟都没进食。21日晚上得到笔者的帮助，肌肉注射左氧氟沙星（0.2克：100毫升）0.1毫升每次，每天1次，连续3天为1疗程。24日治疗1小时后，尝试喂食，龟马上开口吃食（图2-146）。25日先喂食，看龟胃口不错，就没治疗了。

图2-145 龟感冒泡药后不流鼻涕但仍停食（庄锦驹提供）

图2-146 龟经过注射治疗后恢复摄食（庄锦驹提供）

实例2： 2012年6月11日，南宁养殖者龙碧珠反映她养殖的黄缘盒龟发生应激性感冒，主要症状是流鼻涕，冒泡，摄食不正常。这只病龟体重1.5千克，起初采用土霉素和灰黄霉素治疗无效，接下来去书店买到《龟鳖病害防治黄金手册》，找到笔者。根据她介绍的情况，笔者诊断为龟鼻涕型应激综合征。建议采用注射治疗的方法：在头孢曲松钠1克瓶中，加入葡萄糖注射液5毫升，摇匀后抽取0.5毫升，每天1针，连续6针，每天注射多余的药液对龟进行浸泡，结果治愈，龟恢复正常摄食。使用的饲料是配合饲料加香蕉，有时加苹果。今年此龟产卵4枚，但未受精。这批龟是今年上半年买来的安徽种群黄缘盒龟亲龟，一组3只，1雄2雌，合计2.3万元。买来时就发现有病，1只雄龟肠胃炎，用葡萄糖浸泡，慢慢自愈；1只雌龟感冒，就是上述情况。一个疗程后，龟主来电，告诉笔者，龟病已痊愈。

实例3：2012年5月11日，笔者对自养的一只铜皮黄缘盒龟鼻涕型应激综合征进行治疗。发现一只铜皮黄缘盒龟鼻涕不停地从鼻孔喷出，并有拉稀现象，眼睛无神，活动力较差（图2-147）。近期，天气昼夜温差较大，白天最高27℃，夜间仅有17℃，时有夜间下雨，根据这一判断，这只铜皮黄缘盒龟发生了应激。对症下药，及时治疗，最后取得理想结果，很快痊愈。采用的治疗方法是：在注入7千克的新水的泡澡池中，加入头孢呋辛钠1克，将药物加水溶解后均匀泼洒，溶入水中。之后，将此龟轻轻放入水中，让龟自行爬入，以免再次应激。在药液中浸泡30分钟左右，龟自行离开。观察治疗效果。第二天观察，此龟不再出现鼻涕喷出现象，原来从鼻孔里冒泡的病症不再发生。第三天继续观察，发现此龟已经很健康地在树丛中栖息，精神饱满（图2-148）。总结此次病例，笔者认为，在养龟过程中要善于观察，发现龟受到应激后，查明原因，对症下药，及时治疗。从治疗结果分析，对于早期感冒应激的病龟，完全可以采用药物浸泡的治疗方法使其痊愈。

图2-147 铜皮黄缘盒龟鼻涕从鼻孔流出

图2-148 铜皮黄缘盒龟鼻涕型应激综合征治愈

4. 龟肠胃型应激综合征

2011年6月28日，笔者受苏州朋友委托，对送来的两只台缘进行治疗。诊断为肠胃型应激综合征。治疗前，小缘前肢肿胀，大缘拉稀不止。18:00时，对两只台缘应激症进行治疗。采用5毫升针筒配0.5×20针头对黄缘盒龟进行肌肉注射治疗。体重200克小缘前肢肿胀，腋窝鼓胀，但前肢能活动，头部和四肢都能伸缩；对小缘注射头孢曲松钠0.1克＋地塞米松0.5毫克＋生理盐水至0.5毫升；注射后，小缘无不良反应，表现灵活起来，在暂养盆里爬动，头伸缩自如，如果人为动它，头部会缩回，眼睛紧闭，四肢同时缩进壳内，几小时后发现前肢基本消肿，前肢腋窝不再鼓胀。体重500克大缘病危，主要表现拉稀不止，头部伸出无反应，后肢无反应，前肢有反应，眼闭。对大缘肌肉注射头孢曲松钠0.2克＋地塞米松1毫克＋生理盐水至1毫升。将病龟放在盘中水养，在2千克水体中加入注射用头孢曲松钠0.7克＋地塞米松3.5毫克，进行药物浸泡。大缘在注射后反应比较强烈，眼睛紧闭时间较长，后肢更加变软，没有任何反应，昏迷状，继续观察，几小时后，逐渐苏醒，眼睛微微睁开，头部已有反应，但后肢仍无反应。翌日晨，发现大缘后肢稍微的有反应，眼睛能常态睁开，精神不佳，排泄两次，仍有拉稀。

2011年6月29日16:00时，对两只黄缘盒龟继续注射药物进行治疗。小缘表现更为灵活，病情根本好转，注射时后腿紧缩有力，根本拉不出来，只好拉开前腿进行肌肉注射，剂量为头孢曲松钠60毫克＋地塞米松0.3毫克＋生理盐水至0.3毫升；注射后不久发现小缘龟爬到大缘龟背上，眼睛亮（图2-149）。其次，大缘逐渐好转，主要表现在后腿能伸缩，头部伸缩自如，眼睛有点精神，注射时后腿能拉出来，但有一点回缩力，注射头孢曲松钠140毫克＋地塞米松0.7毫克＋生理盐水至0.7毫升。注射后大缘眼睛闭一会儿，时间不长就睁开，后肢明显回缩有力（图2-150）。不再拉稀，泄殖孔干净。浸泡：对上述两只黄缘盒龟注射后进行药物浸泡，在2千克水体中加入头孢曲松钠0.8克＋地塞米松4毫克，长期浸泡24小时。

图2-149 黄缘盒龟肠胃型应激综合征注射治疗后精神好转

2011年6月30日18:00时，黄缘盒龟基本痊愈。药物浸泡，巩固疗效。原本准备继续注射治疗，发现两只龟都有精神，决定不再注射。改用头孢曲松钠1克＋地塞米松5毫克溶入2千克水体中，对龟进行药物浸泡（图2-151和图2-152）。

图2-150　黄缘盒龟肠胃型应激综合治疗后四肢回缩有力

图2-151　黄缘盒龟肠胃型应激综合征药物浸泡（小龟）

图2-152　黄缘盒龟肠胃型应激综合征药物浸泡（大龟）

5. 龟出血型应激综合征

实例1：2012年1月8日，广西养殖者黄保森反映，他养殖的石龟出问题了。原来，白天加温可以加到28℃，前段时间不在家，家人不会弄，一直都是23℃左右。换水也是用热水器直接加温到38℃左右用手试着不烫暖暖的，就直接换水再放进保温箱加温，就出现问题了。70只石龟苗中已经有40只出现全身性出血（图2-153），但能摄食。分析原因，由于温差太大，引起的恶性应激，温差10℃以上一般难以抢救，尤其是内出血已很严重。实际上是恶性应激引起的内出血。因此诊断为龟出血型应激综合征。建议治疗方法：逐渐将温度降到28℃，达到最佳温度后，稳定温度；坚持等温换水；使用氟哌酸药饵，每千克饲料添加3克，连续6天。结果痊愈（图2-154）。

图2-153 龟出血型应激综合征（黄保森提供）

图2-154 龟出血型应激综合征治愈（黄保森提供）

实例2：2012年4月28日，钦州养殖者传说反映，他养殖的鳄龟亲龟，雌性亲龟全部停食，其中一只口鼻大量出血，最后死亡，解剖发现，大量内出血，肠道内淤血，肝脏发白，其他内脏也有不同程度的点状充血。笔者经诊断为出血型应激综合征（图2-155）。这批龟规格是7.5千克左右，20只，其中雄龟5只单养，另外15只雌龟混养，采用露天水泥池养殖，池底铺沙，水深30～40厘米，直接使用山上泉水，未经等温处理，在晚上20∶00时左右彻底换水，每3天换水1次，投喂小杂鱼。经过分析得知，发病是由于温差应激引起，因累积应激，发展成恶性应激，鳄龟生理紊乱，体质下降，致病菌乘虚而入，引发内部出血，最终导致出血型应激综合征发生。笔者提供治疗方法：等温换水；在仍能摄食的雄龟食物中添加头孢呋辛纳，每千克饲料添加0.5克，连续3天；对雌龟进行注射药物治疗，具体使用头孢呋辛纳0.2克、维生素K 0.2毫升、维生素B_6 0.3毫升，每天1次，连续6天。结果病情得到控制。

6. 龟吹哨型应激综合征

2011年8月29日，广西钦州养殖者杨军反映，其养殖的石龟发病。主要症状是：喘气的龟呼吸气大，发出吹哨声，龟四肢有力，进食正常，发病有6天，每天死1～2只。全场共有2 200只石龟，其中温室有900只左右，体重400克，是第二年的龟。究其原因，尽管采用外塘水用于温室内养龟，但已经是夏天，经常在下午18∶00时左右摄食后换水，并且有时使用温差较大的井水，约占1/10，觉得水温低，就加温后使用，温度没有精确控制。因此，必须要注意加温后的恒温控制，温度要求稳定。这批石龟曾经摄食过变质的海鱼，变质海鱼也是致病因子，最近的少量浮水病龟解剖发现肝脏变性坏死。因此，建议改用配合饲料。笔者诊断为龟吹哨型应激综合征（图2-156）。提供的治疗方法：头孢曲松钠0.1克，每只龟每天注射1次，连续3次为一个疗程。治疗效果：从8月29日开始对所有的石龟分批进行注射，2针后，吹哨声减少，3针后吹哨声基本消失。

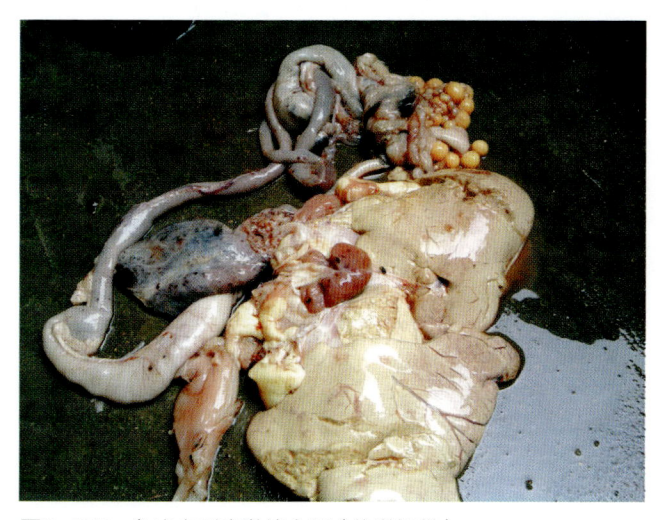

图2-155　龟出血型应激综合征（传说提供）

图2-156　龟吹哨型应激综合征（杨军提供）

7. 龟垂头型应激综合征

实例1：2011年7月2日，笔者在广东顺德容桂镇发现，养殖者李丽兴养殖的金钱龟应激发病。查找应激原，主要是直接使用自来水调节水质，让自来水不停地流淌，造成微流水环境。下午在现场直接温度测定，自来水温度28℃，养龟池水体温度28℃，气温33℃，水温与气温的温差5℃。尽管自来水与龟池水温没有温差，但不分时间直接用自来水注水，早晚有温差，正常3℃，而实际温差在5℃，当龟从水体中爬到休息台上的时候，感受5℃温差，容易产生应激，并且这种应激是长期的，也就是累积的，因此诊断为温差引起的累积恶性应激。正常情况下，稚龟、幼龟和成龟能忍受的温差分别是1℃、2℃和3℃。从金钱龟死亡的情况看，也证明恶性应激的源头来自温差。龟主介绍：18只金钱龟已死亡一半，出现了无名死亡的应激症状。根据龟主反映，在平时金钱龟死亡前的症状中发现有头颈上扬和下垂交替进行，张嘴呼吸，口吐泡沫、眼睛发白等现象。因此，笔者诊断为龟垂头型应激综合征（图2-157）。采用的治疗方法：龟主曾经采用过土霉素、氯霉素、青霉素等注射或浸泡治疗，但效果不佳。改用头孢噻呋钠和头孢曲松钠加地塞米松进行治疗。具体治疗方法是：每千克龟用头孢噻呋钠20毫克＋地塞米松1毫克；或用头孢曲松钠0.2克＋地塞米松1毫克，肌肉注射，每天1次，连续3天为1疗程。病情得到缓解，并逐渐康复。预防应激方法：增加调温池，自来水经过调温池自然升温，达到与自然温度一致后，才可注入养龟池。这样做就可以避免因温差造成的应激反应。此外，投喂冰冻饵料，一定要经过化冻后，与常温一致时才能使用，否则会产生饵料温差应激。

图2-157　金钱龟垂头型应激综合征

实例2：广州养殖者鸣撝引种鳄龟发生垂头型应激综合征。2012年10月18日，龟主反映，前几天将两只鳄龟从一朋友家中运回，途中是用一只篮子装好放在摩托车后面的，估计吹风着凉了，回到家里又直接放进水池里。之后鳄龟一直不进食，活动量少，头低下至地板，无精神。每只重约2.6千克，其中一只有鼻泡，另一只没有。笔者诊断：垂头型应激综合征（图2-158）。治疗方法：让龟自行下水，静养，不可人为投入水中；肌注头孢曲松钠0.1克，加氯化钠注射液1毫升，稀释后使用，每天1次，连续3天。根据3天注射药物效果，决定下一步治疗方法。2012年10月23日，龟主反映，两只鳄龟按照笔者指导的方法，肌注头孢曲松钠+氯化钠3天，现精神状态好转，但依然有点鼻泡。因此，笔者建议继续注射两针。2012年10月25日，鳄龟鼻泡消失，垂头相对减少，精神也好很多，鳄龟慢慢康复（图2-159）。

图2-159 龟垂头型应激综合征治愈（鸣撝提供）

8. 龟豆腐渣型应激综合征

实例1：2012年5月4日，广州养殖者邓广斌反映，他已养了十几年的四眼斑龟，最近发现斑龟得病，请求帮助。症状：初期眼睛似白眼症状，口中有白沫吐出，泄殖孔红色，绝食，初时精神尚好，还爬动，后来口中有白色类似豆腐渣吐出，张大口呕吐状，有恶臭味，具传染性，经过龟主用土霉素等药物浸泡救治，现在一只正常，一只已死亡，后传染两只，精神较差（图2-160至图2-162）。笔者经过图片诊断，确认为龟豆腐渣型应激综合征。疑似使用自来水换水时偶尔不注意温差，直接换水引起的。治疗方法：对于体重250克的四眼斑龟，使用头孢呋辛钠0.1克+生理盐水0.5毫升稀释。每天1次，肌肉注射，连续6天为1个疗程。后治愈。

图2-158 龟垂头型应激综合征（鸣撝提供）

图2-160　龟豆腐渣型应激综合征（邓广斌提供）

图2-161　龟豆腐渣型应激综合征口中吐出物（邓广斌提供）

图2-162　龟豆腐渣型应激综合征显示泄殖孔红肿（邓广斌提供）

实例2：2011年11月2日，茂名养殖者冯艳反映她养殖的石龟苗发生肺炎，表现症状为嘴巴张开呼吸，并且急促。每天都有石龟苗死亡。龟主还反映，所有的龟一开始都是眼睛先出现一个米状的白色物，接着开始张口呼吸、口边有豆腐渣样物质等。她采用药物浸泡，已经用过青霉素、链霉素、头孢哌酮、阿莫西林和强力霉素了。头孢哌酮是刚用，感觉效果好点。笔者建议用庆大霉素浸泡，对病龟，每500克水体使用庆大霉素1支8万国际单位，对未发病龟用药量减半。连续6天，每天换水换药。在治疗期间可以投喂黄粉虫，不要使用蚯蚓投喂，防止蚯蚓带菌感染。引起肺炎的主要原因是局部加温，养殖箱盖子每天打开两次进行换水和投饵，箱内外产生较大温差，由此产生应激，最终导致感冒和肺炎发生。笔者诊断为豆腐渣型应激综合征。在龟发病的不同时期表现不同的应激症状（图2-163至图2-166）。2011年11月7日，龟主反映，第一次养殖石龟。总共养殖石龟苗60只，已死亡18只。现在规格20～25克，买入价500元。购买时规格10克。2011年11月12日，龟主反映，已注射5针，每12小时注射一次，头孢噻肟钠1克瓶装，每只规格20克的石龟苗每次注射1毫克，并加地塞米松，未浸泡，有一定效果：呼吸好点，没那么急促，嘴巴还张开，黏液也少点。笔者建议改为：药量增加1倍，改为2毫克，24小时注射一次，同时浸泡，不用加地塞米松。继续观察效果。2011年11月16日，龟主反馈：采用头孢噻肟钠加倍注射的石龟，剂量为20克龟注射2毫克，24小时注射一次，同时浸泡，不用加地塞米松。结果两只晚期的石龟苗死亡。其他石龟苗保住，病情得到控制。

图2-163　龟豆腐渣型应激综合征（冯艳提供）

图2-164　龟豆腐渣型应激综合征初期（冯艳提供）

图2-165　龟豆腐渣型应激综合征表现脖子肿胀（冯艳提供）

图2-166　龟豆腐渣型应激综合征呼吸困难（冯艳提供）

9. 龟温差投饵型应激综合征

实例1：2011年3月24日，钦州养殖者米一运反映他养殖的鳄龟出现问题。养殖者米先生28岁，从当地新华书店买到《龟鳖高效养殖技术图解与实例》这本书，觉得这本书比较好。他养殖的龟鳖品种有5种：山瑞鳖，年产苗100只；珍珠鳖，年产苗1 800只；黄沙鳖，年产苗超过1 000只；5龄石龟几百只。

此外，新引进鳄龟。2010年石龟苗在钦州卖320元，灵山卖420元一只，他自己前年买回来的石龟苗价格178元一只。

2010年8月份，龟主引进鳄龟亲龟16只，平均体重8千克左右，是从当地的一位医生那里买回来的，去年这批龟已产卵600枚。由于投饵采用冰冻鱼，未经解冻，仅洗一洗就投喂鳄龟，因冰冻饵料与常温之间的温差产生应激，2011年开春后，已投饵一次，仍然是非等温投喂冰冻鱼，发现有3只龟爬上岸，并有浮水现象，脚部有腐皮症状，但未发现腿部或全身性浮肿现象，可排除因饵料变质引起的脂肪代谢不良症。经分析笔者诊断，病龟属于温差投饵型应激综合征（图2-167）。

图2-167　龟温差投饵型应激综合征（米一运提供）

因此，建议采用注射药物的治疗方法。注射治疗：每千克龟注射头孢曲松钠0.1克＋地塞米松0.25毫克，肌肉注射，每天一次，连续6天。2011年6月2日米先生来电反映，鳄龟非等温投饵应激征已治愈，并已顺利产蛋。

实例2：2013年7月12日，笔者接到钦州张作英来电，她的一个龟友养殖的规格100克石龟两后腿肿胀，爬行有拖行现象。笔者分析原因，由于小孩不当心投喂了冰冻饵料引起。诊断为龟非等温投饵型应激综合征。建议治疗方法：肌肉注射左氧氟沙星（0.2克：100毫升）0.2毫升，每天1次，连续6天。

实例3：2012年1月23日，广东东莞养殖者周振年养殖的石龟出现轻度应激综合征。石龟100克大小，采用加温养殖，控制水温28℃，气温30℃，使用动物饲料和甲鱼配合饲料。由于在最近的动物饲料投喂前，未将冰冻的饲料解冻完全等温后使用。因此出现轻度应激。主要表现是石龟的眼睛里有分泌物，部分龟嘴巴发出嗒嗒声，并发现有拉稀的情况，但尚未停食。笔者根据这些症状诊断为：温差投饵型应激综合征（图2-168）。

图2-168　龟温差投饵型应激综合征治疗前（周振年提供）

治疗方法：用庆大霉素浸泡，浓度为每千克水体用8万国际单位的庆大霉素浸泡10小时，在晚上浸泡，直至第二天上午的一次投喂前，每天1次，连续3次。如果病情加重，采取其他办法。使用药物前，适当降低水位。

2012年1月28日，龟主反映，石龟苗按照笔者的办法用庆大霉素泡了3天，目前有明显的好转，但还有部分病情加重。请问要怎么处理？笔者指导，改用青霉素和链霉素合剂浸泡：每千克水体中施放青霉素和链霉素各80万国际单位。

2012年1月31日，龟主发现死亡石龟一只，规格100克左右，是一只发病比较早的龟，眼睛红肿，嘴里有大量黏液，肺部肿大有气泡，肝脏花样变性，应激性综合征。其他的龟经过3次庆大霉素浸泡后普遍好转。

2012年2月3日，在治疗过程仅发现两只石龟属于原来就很严重的，一只已经死亡，另一只严重到晚期。其他的基本正常。在笔者指导下，已经没有龟频频张嘴呼吸和眼睛有分泌物，吃食正常，基本痊愈（图2-169）。

10. 龟肺气泡型应激综合征

广州养殖者梦想飞天养殖的石龟并发应激性肺气泡和白眼病。2013年3月14日，龟主反映，她养殖2012年的石龟苗600只，因暖风机坏了，过2~3天才处理，导致温室内温差很大，引起石龟恶性应激，逐渐死亡100只。发现石龟病症是白眼型应激综合征和应激性肺气泡并发。肺气泡（肺大泡）是由于肺内细小支气管发炎，致使黏膜水肿引起管腔部分阻塞，空气进入肺泡不易排出而使肺泡内压力增高，同时肺组织发炎使肺泡间侧支呼吸消失，肺泡间隔破裂，形成巨大含气囊腔，叫肺大泡。用过维C应激宁一周，再用阿奇呼清（硫氰酸红霉素可溶性粉）一周，还是不稳定，龟很瘦，现在有时候一天死亡两三只。笔者诊断：龟肺气泡型应激综合征（图2-170）。治疗方法：鉴于石龟体重250克左右，肌肉注射头孢噻肟钠0.1克＋氯化钠注射液0.5毫升，每天1次，连续6天为1疗程。

图2-169 龟温差投饵型应激综合征治愈（周振年提供）

图2-170 龟肺气泡型应激综合征（梦想飞天提供）

11. 龟肺炎型应激综合征

2012年10月10日，广东茂名市电白县沙琅镇养殖者吴梦云反映，她养的鳄龟今晨发现死亡两只，另有4只发病，放养密度为每平方米12.5只，养殖箱规格为1米×2米，是7月份买回来的鳄龟苗，现在规格有50克左右。经过分析发现，尽管她采用的是等温水，但实际没有完全做到等温，因为从井水抽取到调温池之间没有设置开关，这样，在使用完等温水之后，井水会自动上水至调温池，在短时间内做不到等温，连续使用下的结果造成不等温，因而产生了应激反应。从死亡的鳄龟解剖发现，其肺部有病变，其他内脏未见异常。死亡时鳄龟嘴巴张开，显示呼吸困难。此外，眼睛睁开，泄殖孔松弛。笔者诊断：温差应激引起的肺部感染，定名为龟肺炎型应激综合征（图2-171）。指导防治方法：对养殖池用头孢曲松钠全池泼洒，每池每次用药1克；对正在发病的4只鳄龟肌肉注射药物，左氧氟沙星（0.2克：100毫升）0.2毫升，每天1次，连续3天。10月14日，小鳄龟应激引起的肺部感染基本消失并已恢复正常摄食（图2-172）。

图2-172 龟肺炎型应激综合征治愈（吴梦云提供）

12. 龟浮水型应激综合征

实例1：2012年9月27日，广西北海养殖者包仁珍反映，她养殖的石龟苗出现问题。石龟苗买回来10天，200只，在室内养殖，水深4厘米，最近发现其中有一只浮水现象（图2-173）。摄食基本正常，主要是喂黄粉虫和虾，偶尔也喂一些配合饲料。为什么会出现浮水现象？笔者经过调查发现，其直接使用温差较大的井水养殖，井水温度24.5℃，养殖池水温度28.5～29.5℃，温差4～5℃，由此产生温差应激。不仅如此，管理中有时将龟苗抓起来观察，之后直接投入到水中，容易引起呛水应激。因此，浮水现象实际上是应激综合征，笔者具体诊断为：浮水型应激综合征。防治方法：注意使用等温水，井水必须经过调温池等温之后才可以使用；将龟苗观察后，必须经过斜板自行爬入水中，不可以直接投

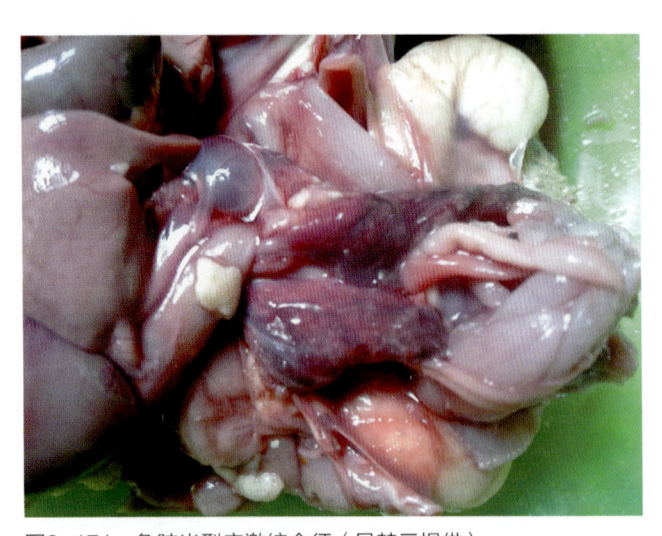

图2-171 龟肺炎型应激综合征（吴梦云提供）

入水中；将浮水龟隔离，并用维生素C浅水浸泡，浓度为每立方米水体30克。注意将含有维生素的水徐徐倒水盛有龟苗的盆里。龟主反映：今天用强力霉素加维生素C泡过，感觉龟泡了比没泡精神好一点。用小盆放指甲一丁点的强力和维生素C加水放到龟的背左右。后逐渐痊愈。

图2-173 石龟浮水型应激综合征（包仁珍提供）

实例2：2012年10月1日，广西钦州养殖者黄毅振反映，他养殖的石龟出现浮水性应激反应。其养殖石龟300只，8月20日死亡两只，最近一段时间死亡1只，目前有1只正在浮水（图2-174），规格900克，浮水的原因基本查明，主要是直接采用井水和自来水换水，未经等温处理，尽管偶尔测量温差不是很大，但这种低温差会导致抵抗力弱的龟难以通过自身的免疫系统调节过来，变成慢性应激，因此发生的浮水死亡龟数量不多。笔者分析认为：原来的养殖方法违背了应激原理，就是说石龟苗、幼龟和成龟，瞬时换水温差必须分别控制在1℃、2℃和3℃以内，要做到这一点就需要等温换水。需要建有等温调水池，将井水、自来水与常温相等后才可以注入养殖池中，如果是加温养殖，必须与加温池中的水温保持一致，才可以换水，否则要应激的。原来的养殖方法是直接使用井水和自来水，尽管龟主说温差不大（养殖池的水温是25℃，井水的温度是27.5℃），但毕竟存在一定的温差，所以他的石龟死亡和浮水才是个别现象，否则问题很大，严重时会全军死亡。应激大小取决于温差和龟的自身抵抗力，如果龟主的龟逐渐适应这样的温差，而自身抵抗力很强，也许没事，但操作方法上还是违背应激预防原则的，也就说，直接用自来水、井水换水是不可以的。笔者诊断：浮水型应激综合征。治疗方法：杜绝温差；使用"双抗"浸泡，具体是每千克水使用青霉素和链霉素各40万国际单位，对龟进行浸泡，时间到下一次换水前；如果病情严重，需要采用注射药物的治疗方法。2012年10月7日，龟主反

图2-174 石龟浮水型应激综合征（黄毅振提供）

馈：按照笔者的指导用青霉素和链霉素对龟进行了3天的浸泡，龟在第二天已进食（图2-175）。泡药的第二天发现龟的活动力比第一天强了，龟主说："我想，龟几天不吃东西，肚子饿了吧，于是我就找一小片肉放进水盘里去，观察龟在水里的动静，半个小时过去了，仍然不见龟吃东西的迹象，下班回来后，发现水盘里的一小片肉不见了，龟又开始进食了。泡药的第三天，龟在水盘里的活动更加有劲，四条腿不停地动、不停地在爬，放进去的肉也在一个小时内吃完，龟的病情已经大有好转，真是神了！"

图2-175　石龟浮水型应激综合征痊愈（黄毅振提供）

实例3：广州番禺庄锦驹养殖的石龟出现浮水现象。2013年1月1日，龟主反映，有1只上一年的南石苗，在前几天发现有浮水，其他都没问题。入冬以来，都没换过水，上月中旬天气突然转温，南石出来找食，龟主就喂了它们，喂完两天有冷空气，怀疑摄食的东西没排出来。龟主阳台下养殖的石龟自然越冬，体重250～300克，是2010年的龟苗，最近出现浮水现象。笔者分析原因可能是前段时间天气突然降温，体质较差的石龟引起的应激反应，观察其眼睛能睁开，四肢有力，已采用维生素C和氟哌酸浸泡，效果不明显。笔者诊断：浮水型应激综合征（图2-176）。治疗方法：隔离单养，用泡沫箱养殖；肌肉注射头孢噻呋钠，每天0.1克＋0.5毫升氯化钠注射液，连续3天。结果痊愈（图2-177）。

图2-176　龟浮水型应激综合征（庄锦驹提供）

图2-177　龟浮水型应激综合征治愈（庄锦驹提供）

实例4：2012年8月7日，茂名龟友清清直接将石龟苗投入深水中出现浮水的错误操作方法（图2-178）。对于孵化后一周左右的石龟苗，在自家龟主是用2~3厘米水位，但是卖给商家时，对方要求用深水位检验龟苗质量，发现有浮水的就不要。龟主说，平时喂养小龟是刚好浸过龟背，龟苗刚孵出来不浮水，喂养几天后再投进深水，就浮水。笔者要求龟主的正确做法：可以向有龟苗的箱子里慢慢注水，不可以将苗直接投入深水里，否则会引起呛水型应激反应。

图2-178 不当操作引起的龟苗浮水现象（清清提供）

实例5：2012年1月15日，茂名养殖者郭金海反映，他养殖的庙龟发生温差应激。一只体重1千克的庙龟在前几天出来嗮太阳，后又因下小雨有些感冒了，龟主就用维生素C和头孢菌素一起泡。今天是第3天把龟放到金鱼缸中加温，水温从16℃的加到24℃，温差8℃。16℃水温的时候龟很爱游，但是水温升高后就出现浮水不动了，眼睛有时候闭着，呼吸急速。笔者诊断：龟浮水型应激综合征（图2-179）。提出缓解措施：逐渐降温，每天下降2℃；使用维生素C和头孢浸泡；用地塞米松0.25毫克＋维生素C 1毫升，肌肉注射。2012年1月16日，龟主反映：庙龟好多了。还没有打针，在外面嗮太阳，逐渐恢复，并开始摄食，状态很好。

图2-179 庙龟浮水型应激综合征（郭金海提供）

13. 龟肝肺变性型应激综合征

2012年11月22日，南宁养殖者黄江山反映，他养殖的当年石龟苗500只，以每只520元买入，现在规格已有50多克，最近死亡1只，解剖发现肺部变黑，肝脏变性，在肝脏上面有一黄色斑块（图2-180）。从仅死亡1只的病例，笔者对其发病原因进行分析：从大的思路去分析，目前广西、广东养龟采用的局部加温方法很不科学，容易引起应激，由应激引起龟的生理紊乱，致使肝脏等器官变性。关键问题在哪里？投喂、换水时，必须将箱盖打开，温差不大，龟会自行调节应激，如果温差较大，就难以调节，累积应激后就会发病。实际上这是有缺陷的局部加温养龟方法。

图2-180　龟肝肺变性型应激综合征（黄江山提供）

14. 龟肝肿大型应激综合征

2012年8月13日，茂名养殖者莫晓婵反映，她养殖的石龟应激出现无名死亡。主要症状是肝肿大，死前无其他症状。笔者认为主要原因是使用井水换水，可能等温措施做得不够到位。这半个月死了4只，剖开都是一样的问题，都是肝肿大（图2-181和图2-182）。晚上21：00左右测量，井水温度25℃，龟池水温29℃，温差4℃。一般龟对温差很敏感，对于一定范围内的温差能够自我调节，石龟苗、幼龟、成龟对于温差的调节范围分别是1℃、2℃和3℃。超过这一范围，就看龟的体质，如果体质较差就会发生应激。什么是应激？就是龟的生态系统受到威胁所作出的生物学反应。那么石龟直接使用井水造成的温差估计在4℃，这样的温差对于体质较好的龟来说不要紧，会自己调节，变成良性应激，如果调节不过来，多次应激累积后会变成恶性应激，就是龟主拍的解剖图，肝脏肿大，外观无任何症状，又叫无名死亡。因此，石龟发生的疾病为应激性疾病，具体为龟肝肿大型应激综合征。

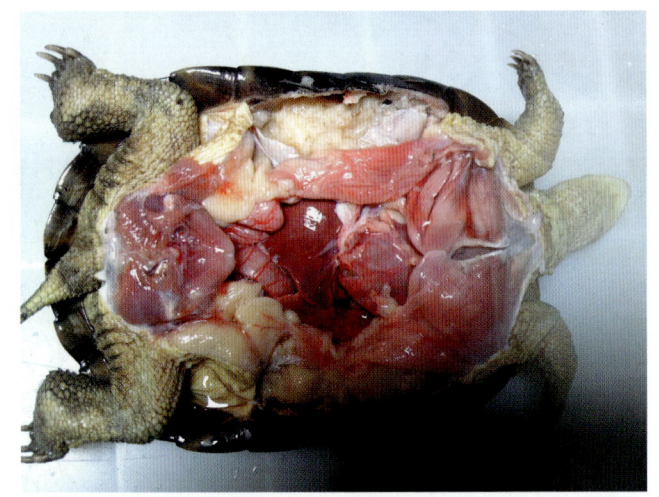

图2-181　石龟解剖检查（莫晓婵提供）

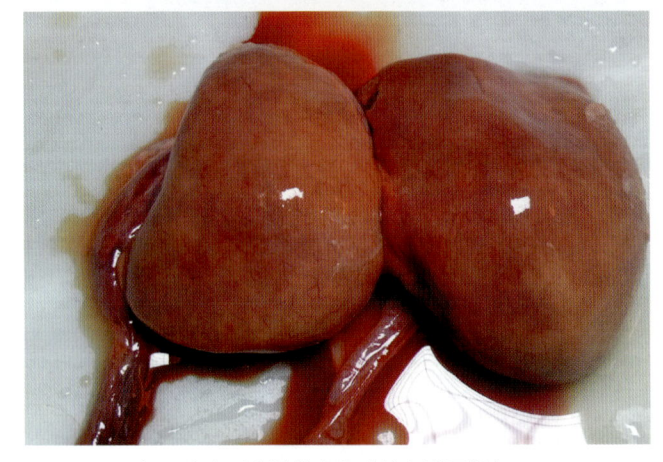

图2-182　龟肝肿大型应激综合征（莫晓婵提供）

15. 龟红底型应激综合征

实例1：2012年1月12日，东莞塘厦镇的杨英投饵换水时将24℃变成20℃，再升温到28℃养龟，因温差8℃，结果出现温差应激。主要表现是石龟的腹部尤其是尾部充血发红，表现红底型应激综合征（图2-183）。发病率60%（70只龟，40只龟发病）。石龟规格100～600克。笔者提出治疗方法：庆大霉素4万国际单位注射，每千克水体用青霉素和链霉素各80万国际单位对龟进行浸泡。

治疗第2天，龟主杨英反映，泡了一次药，打了一针，龟好了很多。打针后不怎么吃东西。继续浸泡，没有注射。浸泡6天，每天浸泡12小时。结果已有85%的龟出现根本好转，体色接近原色，不再充血。笔者建议继续浸泡治疗，再浸泡3天，巩固治疗效果。2012年1月20日，龟主反映，龟病痊愈（图2-184）。

图2-184 龟红底型应激综合征治愈（杨英提供）

实例2：2013年6月16日，浙江海宁斜桥镇万星村养殖者张月清反映，他进行温室养殖日本鳖和露天池培育鳄龟种龟，养殖日本鳖10万只，鳄龟亲龟2000多只。最近鳄龟出现问题。

去年引进2000多只北美小鳄龟，放入外池，培养亲龟，今年未产卵，预计明年开产。今年开春以来鳄龟已无名死亡50多只，最近每两天死1只，问题比较

图2-183 龟红底型应激综合征治疗前（杨英提供）

严重。笔者来到现场诊断为龟红底型应激综合征。主要症状是腹部皮肤发红，并发腐皮病（图2-185和图2-186）。龟主反映曾解剖刚病死的鳄龟肝脏呈土黄色，肺气肿，膀胱积水。发病的原因是露天池天气多次突变降温，部分体质差的鳄龟，抗应激力低，体内平衡受温差突变威胁引起的应激综合征。

防治方法：泼洒药物与注射药物相结合。全池泼洒氧氟沙星浓度为0.5毫克/升；生石灰25毫克/升；聚维酮碘1毫克/升，交替使用。肌肉注射左氧氟沙星2毫升（0.2克∶100毫升），加地塞米松（1毫升∶2毫克）1毫升。具体要求：对鳄龟爬上池坡不下水，见人无反应的，立即注射药物，每天注射1次。注射后立即放回原池（图2-187和图2-188）。连续6天为一个疗程，根据病情决定是否继续下一个疗程。

2013年6月18日，龟主张月清反映，前天开始注射，龟昨天死1只，8只上岸不下水，今天减少为两只上岸。已有明显好转。2013年6月22日，龟主反映，龟已停止死亡，上岸不下水的病龟显著减少，病情得到有效控制。后继续注射，因原池龟密度太高，将注射过的龟隔离到另池观察，结果再未出现死亡。

图2-185　龟红底型应激综合征

图2-186　龟红底型应激综合征并发腐皮病

图2-187　龟红底型应激综合征注射治疗

图2-188　龟红底型应激综合征每次注射后放回原池

16. 龟交配频繁型应激综合征

2012年9月18日，广东顺德养殖者鹰反映，最近发现一只雄性石龟亲龟有浮水现象，饲料采用浙江生产的配合饲料，经过分析疑似因交配过于频繁引起的应激反应。因此，笔者建议采用隔离-浅水养殖-找到病因-对症下药的措施。目前，石龟正处于交配季节，公龟过于频繁交配，也会产生应激，体力透支，精神下降，生殖器发炎，尾巴肿大，体内炎症等，最后表现浮水现象。笔者诊断：龟交配频繁型应激综合征（图2-189）。提供治疗方法：采用左氧氟沙星（0.2克：100毫升），肌肉注射，每天1次，连续6天，剂量为每次2毫升。经过治疗已治愈（图2-190）。

图2-189 龟交配频繁型应激综合征（鹰提供）

图2-190 龟交配频繁型应激综合征治愈（鹰提供）

17. 龟泡沫型应激综合征

实例1：2011年11月15日，哈尔滨发生大鳄龟泡沫型应激综合征（图2-191）。养殖者王瀚霆是黑龙江大学的一名学生，在网上向笔者求助。他的大鳄龟作为宠物饲养，龟的体重不到2千克。2011年10月25日发现玻璃缸里大鳄龟嘴里吐出大量泡沫，水面上漂浮一层（图2-192）。水温25℃。直接使用具有温差较大的自来水冲洗并换水，在最近一次换水6天后发病，病情较为严重，停食。

图2-191 龟泡沫型应激综合征（王瀚霆提供）

图2-192 龟泡沫型应激综合征吐出大量泡沫（王瀚霆提供）

笔者诊断为：龟泡沫型应激综合征。泡沫产生的原因：自来水未经等温处理，直接使用；因温差引起应激反应；泡沫是大鳄龟在受到应激发生感冒后肺部发炎从嘴里吐出来的。

防治方法：等温换水，在换水时必须将自来水调节成与当时水箱里的水温一致后才能换水；肌肉注射庆大霉素，每次4万国际单位，每天1次，连续6天；根据病情变化调整治疗方法。

治疗过程：分三个阶段，使用抗生素，经过15天的治疗时间，结果治愈。

第一阶段：肌肉注射庆大霉素2针后初步见效，已不见泡沫，仅见池底有絮状物，可能是龟在换水后将嘴里原有的絮状物吐出，之后嘴已干净，不见有新的絮状物吐出，准备注射第3针后，继续观察。结果注射6针庆大霉素后，大鳄龟感冒复发，又出现气泡，水中又有零星的气泡，不是沫，还有一些漂浮的类似于鼻涕的东西。

第二阶段：改用头孢菌素，注射头孢菌素后大鳄龟反应强烈：打完针10分钟，表现出不安，手刨脚蹬，换气频繁，脖子伸得老长，还贴在缸底然后抬起来换气，周而复始。5分钟后，才消停。安静后，昂头，正常换气。水温21℃，注射前换水，未使用加热棒。

第三阶段：换用副作用小的头孢菌素进行治疗。经2天肌肉注射，口吐泡沫症状消失，大鳄龟养殖水体干净，未见泡沫状物。接下来，将现有的水温由原来的21℃逐渐升高到25℃，并用头孢菌素浸泡。此时，新的应激原出现：大鳄龟养殖在大学生寝室设置的水族箱中，因学校每晚都要停电，不能正常使用加热棒，难以恒温在25℃饲养，因此将大鳄龟移回家中。养殖者反映，在笔者的指导下，从10月25日求治到11月9日龟基本治愈，经过了15天的有效治疗，大鳄龟终于恢复摄食，每晚吃1条鱼（图2-193）。

图2-193 龟泡沫型应激综合征治愈（王瀚霆提供）

实例2：2011年6月3日，江西丰城黄缘盒龟应激引起的泡沫型感冒。江西丰城电信公司养殖者徐兆群，在黄缘盒龟养殖中，发现龟有泡沫型的感冒。发病原因是天气的突然变化，气温陡降，引起龟的应激。2011年5月21日，白天气温30℃，晚上因下雨气温突然下降到19℃，这时将黄缘盒龟移到室内，当时室温29℃。就在这样温差较大的环境中，一只体重600克的雌性黄缘盒龟发病了。5月27日发现一只黄缘盒龟口吐白沫，精神状态变差，平时跟人走，可现在不动了。针对这一症状，采取适当升温并使用药物浸泡的方法进行治疗。在一个长、宽、高分别为55厘米、45厘米和35厘米的恒温箱中，利用50瓦UVB灯进行加温，并控温28℃，在箱内放一个小盒，其长、宽、高分别为20厘米、10厘米和

2厘米，在此盒内注水并投放一支庆大霉素2毫升、8万国际单位，将龟放入小盒浸泡半小时，结果第二天，泡沫消失，龟的嘴巴基本干净；5月28日继续用同剂量的庆大霉素浸泡；5月29日在笔者的建议下换用头孢曲松钠1克，浸泡半小时。在浸泡过程中，发现龟不断饮水，因为水中含有药物，从而达到治疗效果。此后停药观察，6月3日，水温仍保持28℃，因下雨，当天的气温为24～25℃，该养殖者来电反映，龟已基本痊愈（图2-194）。能正常摄食龟粮和西红柿，大便成形，精神状态较好，准备逐渐降温，在与室外温度一致的时候将治愈的龟移到室外去，进入正常养殖阶段。

图2-194 黄缘盒龟泡沫型应激综合征治愈（徐兆群提供）

18. 龟呛水型应激综合征

实例1：2011年5月19日，江苏海安乌龟呛水应激。海安双溪镇颜俊德来电反映，在笔者指导下，对操作不当引起呛水应激的乌龟进行注射治疗，效果显著。注射药物前，乌龟亲龟放养时人为扔进水中呛水，表现头和四肢伸出，不能缩进，采用第三代头孢菌素，头孢曲松钠（规格1克），每千克体重每次注射0.2克+加地塞米松1毫克，每天1次，连续注射6天为1个疗程。

实例2：2011年9月8日，海口养殖者梁华生养殖的台缘苗呛水应激。因呛水应激，一只台缘苗眼睛一只闭一只微睁，精神状态差。发生在上午10：00左右。在换水时不慎将台缘苗扔进水中，引发呛水应激。尽管水深有2厘米，但错误的人为操作方法，使得台缘苗受到应激。此台缘苗价格1 000元，是10天前从海口买回来的。2011年台缘苗的一般价格为2 000元，此台缘苗当年的价格800～1 000元，从图片看，此台缘苗扁平，头部青色，背部棕黑色，尾巴细小，俗称"老鼠尾巴"。采取治疗方法：用维生素C浸泡，激活其活力。进行抢救时注意"可以水到苗，不可以人为苗到水"，可以让苗自行爬入水中，防止应激反应再次发生。龟主反映，经治疗见效快，马上有所好转。但晚上18：52发来短信说，这只龟已经死亡（图2-195）。

图2-195 台缘苗呛水应激（梁华生提供）

实例3：2012年6月27日，绿谷养殖的鹰嘴龟因操作不当引起的应激。绿谷将鹰嘴龟从家里转群到养殖场，采用等温水换水，但在操作细节上没有注意引起应激，已经死亡6只（图2-196）。主要在换水时不当，将龟直接投入新水中，而不是让龟自行爬入水里。此前同样的操作方法也发现应激死亡，这次又疏忽了。应激后的鹰嘴龟表现嘴角流血，龟伸长脖子张嘴呼吸，眼睛凹陷，四肢无力，刚开始发病龟很好动，后期就不活动了。个别龟状态不好，但尚能进食。发病严重的龟气味闻起来很大。外表无其他症状，解剖未见异常。笔者诊断：龟呛水型应激综合征。防治方法：按照"水到龟"而不是"龟到水"的方法换水，如果要"龟到水"，必须设置斜坡，让龟自行下水；发病后，使用药物注射治疗，采用头孢噻呋钠，按每千克龟0.2克剂量，加维生素C 1毫升，肌肉注射，每日1次，连续3天为1个疗程。

图2-196 龟呛水型应激综合征（绿谷提供）

19. 龟停食型应激综合征

实例1：2012年5月25日，佛山养殖者邓志明引进的温室鳄龟出现不摄食应激现象。龟池约13平方米左右，养了20只4千克的小鳄龟，水深20厘米，5月1日从广州市场买来的温室鳄龟，单价每500克29元，回来后一直没开食（图2-197）。引进时注意等温放养，自来水晾晒两天后使用。此后发现有一只龟发生严重的肺炎，浮水，并在水中吐气泡。笔者分析龟不吃东西的原因：温室龟主要是从江浙一带运输到广州市场的，路途很远，高密度装运，一路应激过来；到广州市场后，商家直接使用自来水冲洗与暂养，加大了应激；新龟主买回去之后，未能及时解除应激。尽管使用了等温水，因为买来的龟已经应激了，体内大量炎症尚未消除，所以不吃东西。有一个严重的已经肺炎了。此外，温室龟在5月1日的时候，江浙一带温室内外温度尚未平衡一致，如果出温室未注意逐渐降温，也会应激的。笔者诊断为：龟停食型应激综合征。防治方法：注意等温换水，以后开食后注意等温投喂饲料，不要直接投喂冰冻饲料。肌肉注射药物治疗，使用头孢曲松钠0.2克＋地塞米松0.25毫克＋氯化钠注射液2毫升，每天1次，连续注射6天。经过一个疗程6天的治疗，结果鳄龟基本痊愈，已开始摄食。2012年6月1日，龟主反映：龟已经打完6针，下午放了两条鱼，都吃了，明天再放多几条观察一下。6月2日，龟主反映，打了6天针，中途第3天换了1次等温的晾晒24小时的水，换了1/3，还降低了水位，便于观察，换后加了EM菌，观察了两天，第一天投喂了两条小鱼，吃完了，第二天投喂了6条小鱼也吃了，治疗中8天自然温度是26~32℃，现在龟基本都恢复健康，到处游跑了（图2-198）。

图2-197　鳄龟停食型应激综合征（邓志明提供）

图2-198　鳄龟停食型应激综合征治愈（邓志明提供）

实例2：2012年6月9日，广东佛山养殖者强人反映，其养殖的安南龟，因直接使用自来水造成温差应激，起初发现鼻子冒泡等感冒症状。此安南龟上月中开始不愿动，不吃东西，5月21日打了几针（是一种叫苦木和阿米卡星混合液）后，开始吃了几只虾，但几天后又不吃了，休息几天后浸泡土霉素。龟约200克左右，拉它的脚，有力缩回去，只是在水中不愿动，头也不想伸出（图2-199）。笔者治疗方法：等温换水，自来水不可以直接使用，必须经过曝晒或者放置在自然温度下等温几个小时后，与外界温度一致的情况下才能使用；肌肉注射头孢曲松钠，在头孢曲松钠1克的瓶内，加入5毫升的氯化钠注射液，摇匀后，抽取0.2毫升注射，每天1次，连续6次。多余的药液用于浸泡龟。

图2-199　安南龟停食型应激综合征（强人提供）

实例3：2012年9月15日，广东阳春市龟主林方恩反映，发生了一例黄缘盒龟停食型应激综合征。他养殖的石龟，规格为1千克左右，最近停食几天，眼睛流水，没力，精神差（图2-200）。笔者究其原因，使用了温差4℃的井水，一般井水温度仅有24℃，直接使用的结果导致石龟应激，产生综合症状。目前只发现一只石龟发病。后他对病龟进行治疗，使用注射药物的方法，但剂量偏高，具体为：2毫升地米（1毫升：1毫克）加0.2克头孢噻呋钠注射。地米用了2毫克，应该是0.2毫克，超标10倍（看书没看懂）。所以病龟变软，无力。在笔者的指导下，改用左氧氟沙星2毫升，肌注，连续6天。2012年9月22日，龟主反馈，龟治愈了，精神很好，已经恢复摄食（图2-201）。

图2-200　石龟停食型应激综合征（林方恩提供）

图2-201　石龟停食型应激综合征治愈（林方恩提供）

实例4：2012年9月20日，广东肇庆养殖者吉共平反映，她在阳台养殖的石龟，2008年的苗，雄性，体重1.5千克，最近发生应激，主要表现是停食（图2-202）。应激原是偶尔直接使用未经等温的自来水，引起的温差应激。8月份下了几次大雨，当时龟放在阳台雨水洒进来，造成龟的应激反应。笔者给予治疗方法：左氧氟沙星2毫升，每天1次，连续6天，肌肉注射。2012年9月25日，龟主反馈，她的龟已经好转，开始吃东西了（图2-203）。2012年10月26日，龟主进一步反馈，治愈后十几天，主人把它搬到了新家，怕它对新的环境不适应，在龟池泼洒维生素C水3天，现在龟已经完全适应新的环境，进食正常，也交配了。

实例5：2012年6月19日，茂名市高州养殖者张雄志反映，采用局部加温养殖的石龟直接使用井水，出现停食型应激综合征（图2-204和图2-205）。井水温度26℃，养殖盘中水温30℃，温差4℃，石龟规格500克左右。治疗方法：肌肉注射头孢曲松钠0.1克，连续6天，结果痊愈。

图2-202　石龟停食型应激综合征（吉共平提供）

图2-204　局部加温养龟（张雄志提供）

图2-203　石龟停食型应激综合征治愈（吉共平提供）

图2-205　龟停食型应激综合征（张雄志提供）

实例6：2011年9月15日，广东省顺德养殖者欧阳杏棠反映："我的公台缘龟买回来已经半个月，买回来之后，在盘中放了3天的维生素C、复合维生素和护肝灵（板蓝根、大黄）。最近几天发现它没有精神，整天都闭着眼睛不走动，有时把头伸出来垂到地上，如果爬到水盆以后不愿意上岸（图2-206）。这两天在盆中放了氟苯尼考，打了两针庆大霉素、维生素C和地米，没有效果。还有另外一只母缘，我看到它的鼻孔有时有少量鼻水或白色分泌物，有时听到它会发出很大的杂声，但有时鼻孔又很干爽，都有进食。我喂过几餐番茄、两餐瘦肉、一餐配合饲料，现在不知道怎样处理。"笔者分析：引进前从台湾到大陆途中以及暂养过程中龟受到过应激，回来后未注意等温原则，使用等温水、等温投饵和等温放养。笔者指导治疗方法：肌肉注射头孢曲松钠第一针0.2克，第二针、第三针减半，3针一个疗程。2011年9月20日，龟主来电反映，母龟已经痊愈，公龟尚未开食，仍需继续治疗。此后经过进一步治疗，公龟痊愈。

实例7：2011年8月11日，苏州王元生反映养殖的黄缘盒龟停食。这只龟是一个月前从河南买回来的雌性亲龟，体重575克。因直接使用自来水，温差较大应激发病。主要表现是后肢无力，前肢有反应，眼睛有神，刚停食，属于应激症早期。笔者诊断为龟停食型应激综合征（图2-207）。建议采用注射治疗方法，注射头孢曲松钠0.1克+地塞米松0.5毫克，连续3天。治疗效果显著：表现后腿有力，排便正常，精神状态好，眼睛有神，灵活好动。又注射头孢曲松钠0.1克+地塞米松0.5毫克1次。第二天恢复摄食，给予肉丝，能正常吞食，走路逐渐有力，痊愈（图2-208）。

图2-206 黄缘盒龟停食型应激综合征（欧阳杏棠提供）

图2-207 苏州黄缘盒龟停食型应激综合征

图2-208 苏州黄缘盒龟停食型应激综合征治愈

实例8：2011年5月20日，苏州市公积金管理中心养殖者顾平反映，他养殖的珍珠龟停食。经笔者诊断为珍珠龟温差引起的停食型应激综合征。顾先生家养的1只珍珠龟已有十几年，雌性，体重1.5千克，今年越冬解除后一直停止摄食，究其原因是早晚直接用自来水冲洗和换水，由于温差引起的慢性应激。最近此龟能饮水，但就是不摄食。活体检查，头脚伸缩有力，眼睛有神，嘴巴微张，下巴处有一个小瘤，曾切除过（图2-209）。笔者指导采用注射治疗方法：每千克龟体重，每次注射头孢曲松钠（规格1克）0.2克+加地塞米松1毫克，每天1次，连续注射6次为1个疗程。注射4针后开始摄食，一个疗程后痊愈，精神状态好，喜欢摄食青虾。

实例9：2012年9月11日，武汉诚诚反映，他养殖的黄缘盒龟直接使用地下水应激发病。龟主养殖的黄缘盒龟最近发生停食现象，部分龟已恢复摄食，仍有一只公龟拒食，这只龟已停食半个月。笔者究其原因是直接使用地下水换水，用于龟的泡澡。地下水温度一般为22~28℃，不稳定，造成了温差应激。目前龟的精神状态还好，四肢有力。笔者经分析诊断为：龟停食型应激综合征（图2-210）。指导防治方法：注意等温处理地下水。就是说，地下水使用前必须经过等温处理，才可以使用；使用左氧氟沙星注射液，每次注射2毫升，每天1次，连续3天。结果痊愈。

图2-209 苏州珍珠龟停食型应激综合征

图2-210 黄缘盒龟停食型应激综合征（诚诚提供）

实例10：2013年5月11日，广东佛山养殖者无忧草反映，其养殖的石龟发生停食型应激综合征。养殖石龟250只，2012年的苗，现在规格150~300克。4月30号傍晚养殖者把温室的石龟转去室外，那时温差约6℃，直接放自来水，在水里加了维生素C片，第二天发觉龟不愿意走动，好似在睡觉，就按平时那样喂食，结果不肯进食，到今天为止都不摄食。从图片上看，石龟的精神状态不太好，个别石龟鼻孔冒泡（图2-211），是因温差引起的应激，全部停食。笔者诊断：龟停食型应激综合征。笔者指导的治疗方法：头孢曲松钠1克规格的，加5毫升生理盐水，抽取0.3毫升注射，每天1次，连续3天。肌肉注射。每天将多余的药液用于浸泡病龟。2013年5月13日，龟主反馈：龟已完全康复（图2-212）。

20. 龟冒泡型应激综合征

鳄龟在养殖过程中，需要注意"等温换水"这一管理环节，如果疏忽会产生应激。由于鳄龟应激后会产生多种表现症状，其中吐泡就是一种。吐泡实际上是感冒初期，鳄龟呼吸道感染后的表现。致病机理是温差引起恶性应激，鳄龟体质下降，病原体感染，感冒症状出现。一般需要注射治疗。

实例1：2012年12月16日，茂名信宜养殖者陈锋反映，他养殖的鳄龟出现问题。经笔者诊断为鳄龟冒泡型应激综合征（图2-213）。龟主说：一周前引进10多只鳄龟亲龟，回来后注意等温处理，可能在上一家养殖过程中忽视了等温预防应激的环节，导致一只龟发生冒泡型应激。颈部和前肢微肿胀，在水中冒泡，头部上扬，好像呼吸有困难的感觉。笔者提供治疗方法：饲料中添加电解多维，每千克饲料添加3～5克；肌肉注射头孢噻呋钠0.2克，每天1次，连续6天。结果痊愈。

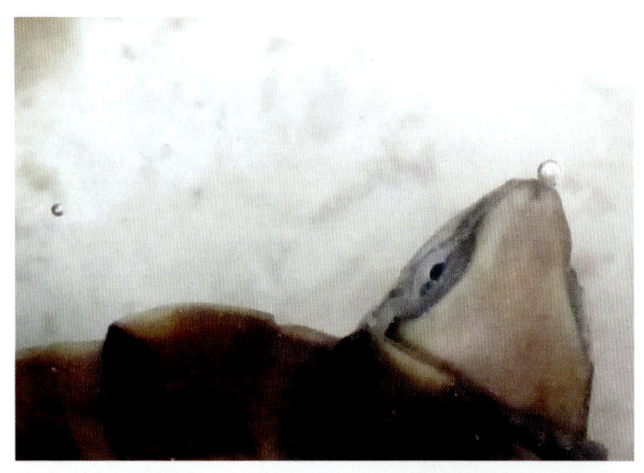

图2-211 石龟停食型应激综合征（无忧草提供）

图2-212 石龟停食型应激综合征治愈（无忧草提供）

图2-213 龟冒泡型应激综合征（陈锋提供）

实例2：2011年3月23日，来自广东顺德养殖者柳英反映，家养鳄龟在水中出现吐泡现象。这批龟是2011年3月9日引进，共24只，其中有4只疑似感冒病的鳄龟出现此症状。鳄龟的平均规格5千克。鳄龟池建在室内，面积有6平方米左右。池水深度17～18厘米，后加深到28～29厘米。采用自来水直接换水，由此产生温差，引起应激反应。经测定，早晚时，自来水与池水温差2～2.5℃，但白天温差较大。引进初期中午换水，温差5～6℃，因而造成应激。2011年4月3日，柳英反映鳄龟口吐泡沫，感冒加重。笔者诊断：冒泡型应激综合征（图2-214）。因此，建议采用注射药物的治疗方法，并在饲料中添加药物，注意等温换水、等温投饵。2011年4月9日，龟主反映，注射6天后龟有所好转，在水中不再吐泡，也不吐泡沫，感冒缓解（图2-215）。

图2-214 鳄龟温差应激后吐泡（柳英提供）

图2-215 龟冒泡型应激综合征治愈（柳英提供）

21. 龟歪头型应激综合征

实例1：2012年5月12日，佛山养殖者毛影脚反映，他养殖的台缘最近出现异常。歪头，张嘴呼吸，但有食欲。这个缘是3月份进的，体重600克。回来时候就有点张嘴，期间喂过头孢，后来症状消失了也开食了，就放在其他缘那里一起养。昨天就发现有点头歪，今天再看歪得更严重了，还张嘴，一直偶尔都有张嘴嘎嘎的叫声，龟主以为开食就没事。抓它的时候，以为是紧张问题，虽然歪头，但还是有食欲的，刚才拿出来放地上还会咬红色的刷子，也没咬不准（图2-216）。笔者经查，直接使用自来水泡澡和冲洗，因此产生温差应激。建议注射治疗，并给予具体指导。治疗方法：头孢曲松钠每次0.1克，肌肉注射，每天1次，连续6天。每天都泡等温水，里面加维生素C。2012年5月15日，龟主反映，经过3针治疗后，病情有所好转。黄缘盒龟不流口水了，今晚喂了饲料，吃了功夫茶杯小半杯那么多。头还是歪，但嘴里面没那么多黏液了。2012年5月19日，龟主反映，经过6针治疗后，现在没张嘴呼吸了，嘴角也没黏液了，就是头有点歪，走路有点像喝醉了酒一样，但会吃饲料。2012年5月25日，龟主反映，黄缘盒龟打完6针后，停药两天，又继续张嘴，有黏液，就打地米加头孢，两针状况好转。停药，此后逐渐痊愈（图2-217）。

图2-216 龟歪头型应激综合征（毛影脚提供）

图2-217 龟歪头型应激综合征治愈（毛影脚提供）

实例2：2012年5月23日，东莞网友心言反映，他养殖的黄缘盒龟出现歪头症状（图2-218）。经过调查分析，龟发病的主要原因有两个方面：一是直接使用自来水冲洗，并且直接用自来水进行泡澡，自来水与自然温度之间的温差突变，易引起龟的应激；二是龟泡澡池水未能及时更换，大水池可以两天换一次，小池一般每天换水1~2次，而龟主的龟池是1~2周才换水一次，龟泡澡后残饵、粪便和身上的污物留在水中，败坏水质，产生大量的氨、硫化氢、烷等有毒物质，龟在这样的水池中泡澡容易发生氨中毒，其神经系统受到威胁，最后表现出龟的神经中毒，出现歪脖子现象，简称歪脖病。笔者给予治疗方法：使用等温水进行冲洗和换水，改善养龟环境；注射头孢曲松钠治疗歪脖子病，6天为一疗程；口服维生素B_1，每千克饲料添加1克。

实例3：2012年5月29日，佛山养殖者陈勇强求治台湾黄缘盒龟，其体重600克，养殖在楼顶，前日情况良好，能摄食西红柿和米饭，并有追咬手指的活泼状态。昨天一场暴雨后，发现龟无力，头部上扬，一会又下垂，并有歪头症状，呼吸急促，今晨发现食物呕吐现象。泡澡和饮水使用等温水。笔者诊断：因天气突变引起的温差应激，上呼吸道感染，引起的歪头型应激综合征（图2-219）。治疗方法：头孢曲松钠1克＋氯化钠注射液5毫升，摇匀，用5毫升一次性针筒抽取0.6毫升肌肉注射病龟，每天1次，连续6天为1疗程。多余的药液加1千克水浸泡病龟。治疗结果：2012年5月31日，龟主反映，已打3日针，现在龟精神了，今日还食了一条蚯蚓。暂停用药，龟逐渐痊愈（图2-220）。

图2-218　龟歪头病（心言提供）

图2-219　黄缘盒龟歪头型综合征（陈勇强提供）

图2-220 黄缘盒龟歪头型应激综合征治愈（陈勇强提供）

实例4：2012年9月6日，广东新会的网友龟峰山人反映，前不久，家养的黄缘盒龟在室外遭受一次雷暴雨袭击，造成温差应激，结果有一只黄缘盒龟出现歪脖子现象（图2-221）。此后，龟主并未对病龟进行处理，仍然按照常规养殖，一段时间后，龟逐渐恢复正常，并能自行寻找食物。因此，笔者一般认为，应激发生后，龟会依靠自身免疫力，将不平衡调节过来，变为良性应激（图2-222）。如果调节不过来，就会转化为恶性应激。

22. 龟眼肿型应激综合征

实例1：2012年5月29日，广西柳州出现巴西龟应激。广西柳州的养殖者龙旭辉反映，他刚养龟一个月，试养殖巴西龟，由于不懂得等温换水，结果导致巴西龟应激感冒，主要表现症状是两眼肿大紧闭，于是向笔者求教。根据巴西龟的病情，诊断为龟眼肿型应激综合征（图2-223）。决定采用药物注射的方法解决。具体方法是：对于这只体重2千克的

图2-221 黄缘盒龟歪头型应激综合征（龟峰山人提供）

图2-222 黄缘盒龟歪头型应激综合征治愈（龟峰山人提供）

巴西龟，使用庆大霉素2万国际单位＋地塞米松0.25毫克，肌肉注射，每天1次，连续3天。注射的同时用氟苯尼考药水涂抹肿大的眼睛。经过3天的治疗，眼睛已经消肿，能睁开（图2-224）。继续静养几天后康复。

实例2：2012年6月5日，广西黄秋杰养殖的石龟出现应激。龟主家在广西贵港，人在广东中山工作，在中山养殖的石龟最近出现应激。主要原因是直接使用自来水进行换水，导致石龟发病。主要表现为眼睛肿大，呼吸困难，嘴边有泡沫，共6只石龟，平均规格300克，症状表现不同，但均已停食几天。因此，笔者诊断为：石龟眼肿型应激综合征（图2-225）。防治方法：坚持每次使用等温自来水进行换水，就是将自来水预先放在一个容器中，等水温与常温保持一致时才能使用；治疗采用肌肉注射方法。采用头孢曲松钠每瓶1克的药物，在此瓶中注入氯化钠注射液5毫升，摇匀后，抽取0.3毫升注射每只龟，多余的药液用于石龟浸泡，每天注射1次，连续6天。后治愈（图2-226）。

图2-223 龟眼肿型应激综合征（龙旭辉提供）

图2-224 龟眼肿型应激综合征治愈（龙旭辉提供）

图2-225 龟眼肿型应激综合征（黄秋杰提供）

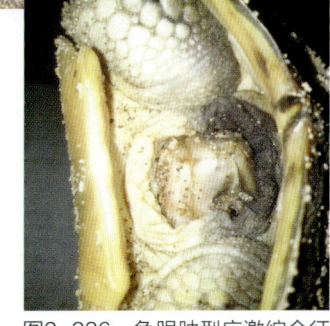

图2-226 龟眼肿型应激综合征治愈（黄秋杰提供）

实例3：2013年3月1日，茂名默憧养殖的石龟发生眼肿型应激综合征（图2-227）。发病原因：该养殖者养殖了2012年的石龟苗100只，规格250克左右。两个月前发病，发病率20%，死亡率13%。采用局部加温方法，1米×2米的PVC做的箱子，上面用泡沫盖着的，用3个25瓦灯泡。每次换水5分钟，自来水预热到29℃。龟主反映石龟有张嘴呼吸的现象，眼睛肿胀，下巴变大下拉，病龟刚开始不下水，眼睛还能睁开，有些头不伸出来，也不吃东西，在水里就浮起来。每天换一次水，都是晚上喂完就换水，现在龟主用呋喃西林泡着，仍没有见好。这些症状结合发病率和死亡率笔者分析，龟主平时温差并未控制好，就是说，自来水预热有可能不是每次都用温度计量的，有时发生的水温突变温差应该在4℃左右。此外，换水的时间不一定每次都能控制在5分钟之内，有可能偶尔超出这一时间，冷热空气交换，这也是引起发病的另一个应激原。

实例4：2010年10月12日，来自钦州的刘志科反映："本人第一次养石龟，几天前发现稚龟眼睛肿大，眼球外表被白色分泌物盖住，常用前肢摸擦眼部，并且有些开口呼吸，摄食减少，有些不吃，一批50克左右，另一批10克左右，在室内用面盆养。"（图2-228）经了解，2010年8月刘志科购进石龟苗120只，价格330元一只，采用养殖箱局部加温方法，养殖箱长、宽、高分别为1.3米、1米和0.3米。在箱内吊挂1盏100瓦白炽灯。箱内控制温度，使用热水器控制水温注入养殖箱换水。结果引起应激反应，石龟眼睛肿大，严重感冒的病龟已有少量死亡。主要原因是温差引起的应激反应。养殖箱内外产生温差，尤其在换水时，打开箱盖，空气温差由此产生第一次应激反应；热水器换水，尽管将温度调好至需要的温度，但开始放出来的冷水至少有一面盆，这部分冷水对龟进行第二次应激反应。笔者还了解到，局部加温引起的气温温差较大，有7℃

图2-227　龟眼肿型应激综合征（默憧提供）

图2-228　龟眼肿型应激综合征（刘志科提供）

的温差，换水时打开养殖箱，箱外温度24℃，箱内水温是31℃（图2-229）。经笔者指导，病情得到控制，死亡率下降到18.3%。笔者进一步了解，120只石龟苗引进后，采用加温方法养殖，由于温差引起22只死亡，知道发病原因后，及时采取治疗措施，控制病情后全部出售成活的98只，按每只400元出售。从经济分析，投入120只、330元每只，小计39 600元，出售98只、400元每只，小计39 200元，基本收回种苗成本。龟主表示，明年有信心继续养殖，仍从苗期开始进行培育。

当时使用了999小儿感冒药泡澡。22—23日使用肌肉注射（阿米卡星0.02毫升＋维生素C 0.1毫升），期间把此龟放在室内周转箱采用控温饲养。经过治疗后，症状减轻，转化为张嘴型病症，表现呼吸困难，要求诊断。笔者经过综合分析，确诊为张嘴型应激综合征（图2-230）。为其提供的治疗方法：每千克龟体重每次注射头孢曲松钠（规格1克）0.2克＋地塞米松1毫克，每天1次，连续注射6天为1个疗程。结果痊愈。

图2-229 采用局部加温的养龟方法易应激（刘志科提供）

图2-230 龟张嘴型应激综合征（徐兆群提供）

23. 龟张嘴型应激综合征

实例1：2011年5月26日，江西丰城市养殖者徐兆群反映，他养殖的黄缘盒龟发病。现养黄缘盒龟雄性亲龟5只，雌性亲龟8只，规格为500～600克。5月6日，将这批龟从阳台移到室外养龟场，室内温度20℃，室外温度24℃，温差4℃，结果其中一只体质较差的雄性亲龟出了问题。自从5月6日那天起，鼻孔上就有黏液，到10日发展到嘴角两边也有黏液，

实例2：2012年9月5日，沙琅养殖者梦云使用氟奇先锋对石龟苗浸泡治疗张嘴型应激性综合征（图2-231）。使用氟奇先锋（20%氟苯尼考粉剂）浸泡，剂量为5克一池。龟主先用了几只龟苗尝试，刚开始浸了一天，第二天就看到没那么多龟张口呼吸了。再用氟奇先锋全部浸泡；一边浸，一边加一点鱼浆喂。连续浸泡3天后痊愈（图2-232）。

图2-231 龟张嘴型应激综合征（梦云提供）

图2-232 龟张嘴型应激综合征治愈（梦云提供）

实例3：2013年5月22日，广西南宁范思镟反映：一只石龟浮水，眼睛红，张开嘴巴呼吸，停食，体重130克（图2-233）。发病约有半个月。用过抗生素、肠胃炎的药物浸泡。龟主去年开始学习养石龟，每次石龟吃完东西就换水，而且龟箱是保温的。一天喂两次，每次喂食完都直接用自来水换水。感觉不是肠胃炎，但不懂什么病。用过诺氟沙星泡了3天，感觉不好，又用黄金败液加治疗肺炎的药泡了3天，感觉也不行，又用硫酸莲黄素泡，都不见好转。经笔者诊断：龟张嘴型应激综合征。建议治疗方法：肌肉注射头孢曲松钠0.05克+地塞米松0.2毫克，每天1次，连续3天为1疗程。每天注射后将多余的药液用于浸泡。结果：一针后，仍张嘴呼吸，三针后基本痊愈。龟主反馈：观察半个小时石龟的状况，没有发现龟张开嘴巴（图2-234）。停药3天后痊愈，龟恢复摄食（图2-235）。

图2-233 龟张嘴型应激综合征（范思镟提供）

图2-234 三针后龟不再张嘴呼吸，基本治愈（范思镟提供）

图2-235 龟已痊愈，停药3天后恢复摄食（范思镟提供）

24. 龟风湿型应激综合征

2013年6月29日，广东云浮养殖者刘萍反映：3只台缘龟是一个月前买回来的，一个月来每天都强行将龟们泡水一次，每2~3天正常喂食一次，除了泡水，其他时间都让龟在整理箱里用毛巾盖着，没怎么活动，这种情况会不会造成龟们后腿爬行功能退化呢？

其中发现1只龟四肢僵硬，以前很灵活健康，胃口很好；另外两只龟各有一条后腿拖行，有一只明显看到一边腿肿了，另一只看不到明显腿肿（图2-236）。

图2-237　三只台缘龟风湿型应激综合征治愈（水静犹明提供）

图2-236　三只台缘龟发生风湿型应激综合征（水静犹明提供）

应激原1：强行泡水一个月；应激原2：盖湿毛巾1个月，限制龟活动。

笔者诊断：龟风湿型应激综合征。治疗：每500克龟用左氧氟沙星（0.2克:5毫升）1毫升+地塞米松0.5毫升，每天一次，连续3天，第2天停用地塞米松。龟的规格1只500克，另外2只各250克，规格小的龟减半用药。结果两针见效。第2针后，3只龟均恢复了摄食，而且爬行也基本正常。因此停止注射用药（图2-237）。

25. 龟黏液性应激综合征

山西晋城读者林向博反映：2010年5月10日下午喂金钱龟，发现该金钱龟在陆地，对投放的虾只是闻，并不吃，行为反常。龟主拿起观察发现金钱龟鼻孔通畅，但嘴角有些黏液（图2-238）。通过咨询，得知金钱龟是感冒了（呼吸道感染），找其原因是由于换水时未注意等温换水引起的应激。晚上再次观察，发现金钱龟有偶尔张口呼吸现象，但并不抬头，此时确定金钱龟是患了呼吸道感染。开始采取了保守的逐步加温隔离药浴治疗方案，用头孢拉定胶囊，每500克水兑一颗。两天后发现金钱龟不但没有好转，病情反而有所加剧，四肢舒展长久保持不动，在水底偶尔爬行时，腹甲前部随着爬动磕碰在箱底，很明显四肢无力。且嘴角和水面有明显的白色痰状黏液。

龟主得到笔者的技术支持，采取注射药物治疗。开始采用了头孢哌酮，每支0.5克，用2毫升灭菌注射水稀释。病金钱龟体重将近500克，本应注

图2-238 龟黏液型应激综合征（林向博提供）

射0.25克，但由于担心，第一针先注射了0.125克。次日嘴角黏液似乎有所减少，次日分两次注射共打了0.25克，每12小时一次。第三天，黏液显著减少，大多时候基本上看不到，但水面陆陆续续还是出现白色物。金钱龟精神振作了很多，能在水中追手指较快的游动。这时候犯了第一个错误，网上说症状消失后，金钱龟能进食后会恢复较快，要相信金钱龟自身的抵抗力，所以停了药。但一天过去后，金钱龟嘴角黏液再度出现，精神也很快萎靡不振，并且已经开始浮水，但不倾斜。睡觉多，四肢耷拉无力，醒的时候，眼睛也是半睁半闭，经观察金钱龟的舌头颜色也比较苍白，和正常的明显不一样。无奈之下，只好重新打针，这次是每次0.25克，一次打足量，一天一次。打过两天后，每次注射后金钱龟比较嗜睡，但几小时后金钱龟便有明显好转，黏液显著减少，而且黏液的颜色由白色变为透明，最好的时候几乎都看不到了，精神食欲都有明显好转。本来药物是有效的，坚持下去应该就会治好，可惜注射经验不够。第三天注射时犯下第二个严重错误。注射部位不当，第四天，黏液增多，颜色变回白色，金钱龟精神委靡不振，浮水明显，呼吸时四肢拉伸动作幅度很大，显得费力，病情再度反复。此时考虑到用药最开始由于担心风险导致剂量不够，操作不当使药物吸收不良，金钱龟情况也更加不好，担心产生了耐药性，选择了换药。这次换药选择了头孢米诺钠。此时情况已是天不灵地不应，只有把心一横，继续注射下去。结合前几天情况，得出三条经验：一是剂量要正确；二是症状消失后也必须继续用药巩固；三是注射方法必须正确，使药物较快地顺利吸收。注射头孢米诺钠，每支0.5克，注射剂量为每次0.25克，一天一次。直接注射了7天。好在这7天，从第四天起，金钱龟情况一天比一天好。首先这个药注射后，金钱龟没有明显嗜睡的情况，再者每多一天注射后，金钱龟的情况就更好一些。注射后金钱龟在水里，虽然还有漂浮，但活动明显增多，呼吸时四肢拉伸幅度逐步变小，不但可以较积极地追食物，甚至可以在水面以上抬头咬食物了，而且此时可以看到金钱龟的舌头颜色明显变粉。7天后，症状基本消失，遂停药观察。停药一天后，金钱龟嘴角又少量出现透明黏液，呼吸偶尔有哨音，又连续注射4天后停药，经过持续观察，停药72小时后无症状反复，确定基本痊愈。

要特别提到，在注射过程中，龟主都用地塞米松和头孢的药放在一起注射，地塞米松每支为1毫升5毫克，剂量为每天一次2.5毫克，加入到头孢米诺钠药瓶中一起抽取注射，主要就是起到抗过敏作用，后来再确定金钱龟逐步好转后，林先生逐渐减少了地塞米松的剂量（激素类药物不能一下停顿，要逐步减少直至停用），最后巩固那4针，已经是只注射单独的头孢米诺钠了。金钱龟嘴角黏液在治疗过程中的变化如下：成团的白色黏液，在嘴角刚出现是半透明带有白色絮状物，水里嘴边挂久了，或者脱落到水中，会变为全白，大都漂浮于水面（图2-239）。黏液减少，透明但里面带有一些白点，开始漂浮，一夜后相当一部分沉水。黏液显著减少，基本变为全部透明，脱落后呈透明膜状，由于透明挂在嘴边不仔细看就看不出来。有时候特别少，几乎看不出来，但其实还是有极少量。黏液彻底消失。这是症状消失，基本康复的一个重要标志。有黏液只能说明两种可能：病没好、治疗或环境不当引发反复。在完全停药（注射）后，水中撒土霉素巩固预防复发。因为金钱龟虽然已无症状，精神食欲都恢复得很好，但是唯独一个鼻孔还略有一小圈堵塞。林先生考虑呼吸道感染很可能和鼻子堵塞有关，因为此时放任不管的话，就可能会再度向内发展，甚至又出现黏液和复发，所以必须彻底清除。土霉素片，每片20万国际单位，水大概是10多千克，撒5片，共计100万国际单位，药浴3天后，用数码相机微距拍摄金钱龟鼻孔，放大后观察，发现观察效果不理想，肉眼观察似已没事了，再用10倍放大镜对光仔细检查金钱龟鼻孔内侧，发现已经彻底没有堵塞物了，而且鼻孔内侧皮肤，已经由白色出现一些灰色区域（鼻孔内侧应有的一些正常颜色），与右鼻孔类似，此时才百分之百确定金钱龟已痊愈（图2-240）。选择土霉素的原因，是因为有书籍介绍该药对金钱龟呼吸道感染有明显效果，还有就是此时感觉金钱龟的病灶只剩下鼻孔这一点了，药浴应该有效。泡了三天，果然效果明显。此时距5月10日发现病情，已经过去了20多天，治疗过程之苦真是不堪回首，龟主狠狠恶补了一次药物和金钱龟病治疗知识。得到经验是宝贵的，教训也是深刻的，这让龟主对金钱龟的应激性感冒有了本质的认识。健康金钱龟的鼻腔内应该是生存了多种细菌，它们相互制约，加上金钱龟本身的免疫力，正常环境下不易发作生病。但环境温度突变后，金

图2-239 治疗过程中团状黏液脱落（林向博提供）

图2-240 龟黏液型应激综合征治愈（林向博提供）

钱龟的免疫力陡然下降，鼻腔黏膜受到刺激，可能会产生黏液，综合起来就给致病菌创造了繁衍壮大的环境，不及时发现治疗，细菌便步步深入，金钱龟从呼吸道感染，直至发展成肺炎甚至死亡。看来以后必须加倍细心，才能避免再次发生这种事。整个治疗环境为：金钱龟是单独养于一个蓝色周转箱，水加温至29℃。水位没过金钱龟背1~2厘米。水每天换一次，开太阳灯加热空气。水箱的三分之一用了物遮盖，以营造一片较暗的环境。金钱龟睡觉时大多会去那一小片阴影下。治疗过程中水里一直泼洒维生素C和维生素B。金钱龟在治疗时是有食欲的，停药发生症状后食欲降低甚至停止。金钱龟吃食的时候，主要喂鱼虾，后来症状消失后开始接受一些素食，停药后喂食时还添加了BAC（金钱龟类专用的调整肠胃用药）。其实在打了7天头孢米诺钠症状基本消失以后，有两次再度出现过黏液。原因全部是因为换水的时候引起，一次是干放时间稍长（即使是在太阳灯下，金钱龟身上的水分蒸发带走热量，也会引起病金钱龟不适），一次是水位降低，露出少部分背部引起的。所以水加温就必须完全淹没背甲，空气也要加温。换水时必须杜绝任何温差。后来林先生用另一个小箱，换水时两边同时加温到相同的温度，才把金钱龟移入，水换好再放回去。到痊愈，再没有因为温差出现过黏液了。症状消失后，有温差引起嘴有透明黏液，和人流清鼻涕的道理差不多，但是多了就可能引起复发，因为适合病菌繁衍的内在环境又在逐步形成，所以必须杜绝任何温差。这个是金钱龟恢复健康最重要的前提。

26. 龟转群应激综合征

黄额盒龟难养，是圈内公认的。其中多方面的原因如温差、转群、运输、冲洗、操作不当等都可能引起应激。如果不懂应激的防御与解除，龟会发生各种症状，甚至死亡。

广西一位黄额盒龟养殖者紫薇要求笔者提供技术支持。她在进行黄额盒龟转群后，其中一只反应较大，龟的眼睛时而闭起，四肢无力，精神状态不佳，停食。龟池为新建，用水浸泡过几天，但玻璃胶刺激的味道尚未完全消失，加上池子漏水进行修补时使用水泥等，对龟可能会产生不良影响。笔者分析认为，主要原因是转群引起的应激综合征（图2-241）。因此进行对症治疗。

查到病因后，治疗选用注射药物的方法。肌注头孢噻肟钠1克＋5毫升注射液后抽取0.3毫升＋地米0.1毫升，注射后，第二天使用"双抗"浸泡。原来准备一个疗程3天的治疗方案，结果一针见效。注射一针后，奇迹发生了，龟的眼睛睁开，精神状态逐渐好转，第二天龟的表现活跃，四肢变得有力，眼睛有神。龟主用香蕉引诱，此龟竟然摄食香蕉了（图2-242）。至此，龟的应激已成功解除。

图2-241　黄额盒龟转群应激治疗前　　图2-242　黄额盒龟转群应激治疗后

二、鳖应激性疾病

1. 温室中华鳖应激反应

2011年2月7日下午，湖南常德市西湖镇匡志远来电，反映他温室养殖中华鳖出现了强烈应激情况。

温室面积400平方米左右，养殖中华鳖8 000只，是2010年8月份放养，至今规格达到50克左右，准备养到今年5月份达到150～200克再放养到室外露天池继续养殖，年底可达500克以上商品规格，全部上市。全镇70多户温室养鳖，全部采用这种模式，该镇年产商品鳖150万千克。每户都有笔者的《龟鳖高效养殖技术图解与实例》一书。

应激情况出在换水方法不当：龟主采用的是深井水，其水温18℃，换水时将温室的水温突然下降又突然上升。具体是打开温室门，降温一个晚上，达到26℃的温室水温后，将水温18℃的井水注入温室养殖池，又突然加温24小时后，达到29℃，如此折腾后，鳖开始吃食，但3天后全部停食。接下来应激反应表现出来：鳖在池中打圈圈，前肢弯曲，腹部出现红点。仅两天时间已夭折100多只。此外，龟主那里温室养鳖普遍没有设置调温池，使用锅炉加温，水温设计30℃，空气温度32℃左右。

2. 珍珠鳖应激性冬眠综合征

2013年2月7日，广东化州养殖者李鸿反映，老家化州养殖的珍珠鳖，最近发病。今天死亡20多只，总共养殖3000只。是2012年的苗，现规格300～600克。发病原因与最近天气反常，气温突然升高有关，每次气温升高都会出现鳖发病，多次反复，目前病鳖增多。使用过生石灰有一定的作用。

笔者根据图片诊断为：应激性冬眠综合征并发钟形虫病（图2-243和图2-244）。

治疗方法：第1天，维生素C每立方米水体每次5克，全池泼洒。泼洒1次。第2天，使用生石灰水全池泼洒，终浓度为25毫克/升。第3～5天，使用硫酸锌1毫克/升，每天1次，连续3天。

图2-243 珍珠鳖应激性冬眠综合征（一）（李鸿提供）

图2-244 珍珠鳖应激性冬眠综合征（二）（李鸿提供）

3. 水位过深操作不当引起的珍珠鳖应激死亡

2012年9月9日，广西横县养殖者陆绍燊反映，珍珠鳖苗是3个星期前放养的，以前这个是"蓄水池"用来给龟换水，由于池子不够用放苗前一直没养过鳖，经消毒处理后，第2天就放苗，养殖3个星期来，情况一直良好，没发现死亡现象。昨天发现死了30只，症状是：脖子有点浮肿，四肢无力，有的头弯曲死亡，有的底朝天死亡，但最明显的是生殖器有点外露。池水深40厘米，有水葫芦少许，放苗数量是400个，池子面积是40平方米。今天又发现5只死亡（图2-245至图2-247）。龟主打算下午清池隔离。但是不知道是什么病，水都没换过，水也没有老化现象。

据笔者分析，这是由于水位过深和操作不当引起应激死亡。因此，采取的防治措施是：降低水位，合理水位为3厘米左右，此后随着鳖苗的长大逐渐加深水位；操作方法上讲究科学方法，每次放养时必须将鳖苗放置在一块斜板上，让鳖苗自行下水，不可以人为将鳖苗直接投入水中；使用维生素C全池泼洒，浓度为每立方米水体30克，隔天使用氟苯尼考每立方米水体40克。

2012年9月10日反馈，经过昨晚的指导，晚上用药，已经隔离的270只鳖苗今天零死亡，55只有应激病的经昨晚凌晨泡药，发现症状好很多，反应不迟钝了，而且比昨天抓上来更有精神，眼也有神了。

图2-245 水位过深引起的珍珠鳖应激死亡（一）（陆绍燊提供）

图2-246 水位过深引起的珍珠鳖应激死亡（二）（陆绍燊提供）

图2-247 水位过深引起的珍珠鳖应激死亡（三）（陆绍燊提供）

4. 山瑞苗呛水型应激综合征

2012年9月7日，广西南宁养殖者夜鹰反映，一个月前，买来300只山瑞鳖苗，在室内养殖，放养密度为每平方米50只，分4个池子养殖，最近突然死亡20只山瑞鳖苗，体表无任何症状（图2-248和图-249）。使用等温后的自来水换水，等温6小时以上，换水方法是排干污水，加注新水，鳖苗不抓起来。水深3厘米，未铺沙，发病只有其中两个池。笔者经过分析，终于找到原因。由于龟主平时观察，将鳖苗抓起来看，然后直接投入水中，而引起呛水应激反应。

防治方法：将发病严重的鳖苗隔离，放入一个更浅的池中，最好先放入鳖苗，然后徐徐加入浅水，静养；采用抗应激的药物，比如维生素C，用于浸泡；今后注意操作规范。

5. 温差引起的山瑞鳖应激

2012年5月24日，南宁养殖者杨超反映，他养殖的山瑞鳖出现异常，其中一个养50只龟的池有问题，发病率为70%左右。发现腐皮和底板红斑，使用土霉素和呋喃类药物浸泡不见效果，也涂过"百多帮"，但是没用，皮肤慢慢变暗。笔者调查发现两个问题：一是直接使用自来水进行冲洗或换水，会产生应激，因为有温差。以后要用等温水。在应激发生后，山瑞的体质下降，容易得病；二是龟主出差一段时间不换水，水有异味，说明水质已经恶化，氨浓度升高，容易引发氨中毒。山瑞发病的表面皮肤变暗，有发炎发红的病灶出现（图2-250和图5-251）。诊断结果：环境变化引起的应激性疾病。

图2-248 山瑞苗呛水型应激综合征（一）（夜鹰提供）

图2-249 山瑞苗呛水型应激综合征（二）（夜鹰提供）

图2-250 温差引起的山瑞鳖应激（一）（杨超提供）

图2-251 温差引起的山瑞鳖应激（二）（杨超提供）

治疗方法：对该池的所有山瑞进行注射治疗，肌肉注射头孢曲松钠。具体方法为采用头孢曲松钠1.0克的药物，加入5毫升氯化钠注射液，摇匀后，抽取0.1～0.5毫升，按照每只鳖大小，不同剂量进行注射，最小的注射0.1毫升，最大的1斤左右可以注射0.5毫升。对发病池泼洒药物进行消毒。使用青霉素和链霉素全池泼洒。1.5米×2米的池子使用青霉素和链霉素各3瓶。先溶解后，再泼洒。2012年5月26日龟主反馈，鳖有好转了。

6. 生态位突变引起的鳖恶性应激

2013年5月18日，广西横县养殖者陆绍燊反映，他所在的养鳖场最近发生生态位突变，引发黄沙鳖恶性应激死亡。2013年5月14日，温室已停止加温1个月，在分池转群期间，其中一池因维修，将水位从40厘米下降到10厘米，在池底钻两个排水孔，后一孔已堵，另一孔未及时堵上，第二天水电工未来场及时修补。因此，致使鳖堆积在池子一角，发生恶性应激。第三天发现，鳖已大量死亡。主要症状：大部分鳖背部皮肤溃烂，腹部充血（图2-252和图2-253）。该池300只鳖，死亡244只，死亡率达到81%。笔者分析认为，鳖死亡的原因是：水位的突然下降使得鳖失去了原来的生态位，鳖的内平衡受威胁，引起急性应激。

图2-252 生态位突变引起的鳖恶性应激（一）（陆绍燊提供）

图2-253　生态位突变引起的鳖恶性应激（二）（陆绍燊提供）

7. 中华鳖应激反应导致白底板病

白底病在疑难性鳖病中已经介绍过，由于白底板病因复杂，有的是由于应激引起，有的是由于摄食变质食物引起，还有的是缺乏维生素引起。在学者中也有争议，有的认为是细菌性，有的认为是病毒性。笔者在这里分析的一例是应激引起的白底板病。如果使用山泉水来养殖中华鳖须要注意温差问题。笔者应邀于2010年7月3—4日去广东肇庆市超凡养殖场诊断并治疗因温差引起的中华鳖恶性应激，现场看到因应激导致白底板病，鳖大量死亡。该场由两个分场组成，合计养殖面积230亩，放养鳖10万只，因病死亡率已达50%，直接经济损失100万元，病情十分严重。笔者通过仔细观察发现，应激原是低温山泉水，从山上引入鳖池，直接冲入，每天都要补充山泉水，单因子应激不断重复刺激中华鳖，由此产生累积应激。现场测量山泉水温26℃，鳖池水温白天33℃，晚上32℃。因此白天温差7℃，晚上温差6℃。病鳖出现白底板症状，解剖可见肝脏发黑、肠道淤血、肠道穿孔、鳃状组织糜烂（图2-254至图2-256）。

图2-254　中华鳖应激反应导致白底板病（一）

图2-255 中华鳖应激反应导致白底板病（二）

图2-256 中华鳖应激反应导致白底板病（三）

采用的治疗方法是：在每千克鳖饲料中添加维生素C 6克、维生素K_3 0.1克、利康素2克、生物活性铬0.5克、病毒灵1克、恩诺沙星2克，连续使用30天，每周1次全池泼洒25毫克/升生石灰。经过1个月的治疗，鳖的死亡逐渐减少，结果痊愈。

8. 鳖白眼病

鳖病比较多，常见的病害有几十种，最严重的是白底板病、鳃腺炎等。白眼病一般出现在龟类，在龟病中白眼病是一种难以治愈的病症，我们掌握核心技术，对龟白眼病治愈已有很多病例，如广西柳州彭永清的石龟苗白眼病，广州杨春的缅甸陆龟、庙龟白眼病，西安李恩贤的黄喉拟水龟白眼病，湛江龟友韦妹买来的台缘发生白眼病等，在笔者的帮助下均已治愈。作为鳖类，发生白眼病在我国还是第一次。

2014年8月12日广西贵港穆毅反映，有一只山瑞鳖眼睛发白。根据笔者的经验，像这种情况可能有两种原因引起鳖的视网膜病变：一是摄食了残饵；二是被雷暴雨袭击。鳖主认为，可能是下暴雨的缘故，这几天总是突然下大雨。此鳖的体重750克。这只鳖是在食台上抓到的，下塘抓几只，未再发现，目前就这一只。

笔者诊断：鳖白眼型应激综合征（图2-257）。治疗方法：肌注氧氟沙星（0.2克：5毫升）0.3毫升，每天1次，连续3针。疗程3天。鳖主反映，一针救命，二针好转，三针痊愈（图2-258）。

图2-257 山瑞鳖应激性白眼病治疗前

图2-258 山瑞鳖应激性白眼病治愈后

三、注射方法

龟鳖病害发生后，有些疾病需要进行注射治疗。在这种情况下，养殖者就必须掌握正确的注射治疗方法。一般采用肌肉注射，或称肌内注射。笔者见到一些注射方法不正确，如皮下注射、前肢注射、尾部注射、腹腔注射。正确的注射方法是"后肢大腿基部内侧肌肉注射"。

具体注射部位：龟鳖后肢大腿基部内侧找到后，找肌肉，用手摸肌肉多的地方，一般有凹陷之处。注射时不能碰到神经、血管和骨头，插针时如果遇到阻力，可以偏移，找最佳位置，不能硬插。

手持针筒方法：手握针筒必须注意正确的方法，右手握住针筒，将食指抵住针头的中下部，留下需要注射的深度，一般大规格的龟鳖留1厘米左右，小规格的龟鳖留0.5厘米左右，这样做是为了控制注射深度，保护龟鳖不被注射过浅或过深而受伤害。进针角度30°左右，注射完毕后，将针筒拔出后，立即用消毒棉球按住注射部位3分钟左右，防止药液渗出（图2-259至图2-262）。

图2-259　正确的注射部位

图2-260　注射方法第一步

图2-261　注射方法第二步

图2-262　注射方法第三步

选择针筒规格：一般对于大规格的龟鳖，选用5毫升的一次性针筒；对于小规格的龟鳖选择3毫升的一次性针筒；对于50克以下的龟鳖苗注射可采用1毫升的微型针筒。

粉剂药物稀释：拿到粉剂的药物，需要进行稀释才可使用。一般用生理盐水或葡萄糖注射液进行稀释，不可以用矿泉水稀释，因为渗透压不同，在生理盐水中已经含有0.9%氯化钠，与龟鳖体内的渗透压基本一致，这样才能保持渗透压的平衡。稀释后一定要摇匀，然后用针筒抽取需要的剂量，注意抽取药液后发现针筒内有气泡，要将气泡排除，方法是将针筒垂直朝上，将里面的空气慢慢排除，如药液不足规定的剂量，再补充抽取药液。

此外，需要多次注射时，每天换用新的一次性针筒，并换腿注射，今天打左腿，明天打右腿，注射处用碘酒或酒精棉球进行消毒后再下针。龟鳖后肢难以用手拉出时，不要硬拉，可采用医用镊子包上纱布，夹住后肢慢慢拉出来，不可以直接用镊子夹，那样会伤害其皮肤。最好在注射前，将龟泡水，让其自然伸出四肢，然后，抓住机会，迅速抓住后肢，进行注射。龟鳖注射后可以直接下池，也可以干养，具体情况根据治疗需要而定。

Chapter 3

第三章
经营策略

第一节 产业结构

一、高端产业链追求效率

龟鳖产业链与我们龟鳖从业者息息相关,它包括高端产业链和基础产业链。位于龟鳖产业链高端的构成主要包括:项目设计、种苗引进、饲料加工、仓储运输、商品销售、质量追踪。根据目前我国龟鳖业现状分析,这部分约占据市场价值的90%,具有市场价格制定权。处于产业链低端的养殖生产的产品要进入市场,只能根据市场的变化决定什么时候出售对自己有利。目前,在所谓高端产业链中的各个环节中存在的最主要的问题是效率不高,比如种苗引进问题,从美国引进种苗到中国来,要根据养殖者的需要,什么时候需要,什么时候就有,就能卖个好价钱,如果等养殖者不需要的时候,或者养殖者随着时间的推移,处于观望的阶段,你再好的种苗引进到市场,都很难被养殖者认可。这实际上就是效率问题。项目设计同样面临这样的问题,你设计一个养殖场也好,设计一个饲料厂也行,都要根据市场需要和当地条件,尽快拿出方案,一旦目标明确,就必须坚持,以最快的速度完成。饲料生产是服务于养殖生产的,饲料的质量固然重要,但随着加工技术的不断成熟,关键还是效率,要跟踪养殖生产中的需求,及时将优质的饲料送到养殖生产者的手中。仓储运输效率的重要性更加明显,周转要加快,运输效率要高,一切围绕市场和基础产业链的需要。商品销售的根本目的是卖个好价钱,追求较高的附加值,在商品质量稳定的情况下,还是要注意效率,进入市场的商品是消费者最需要

的,就是受市场欢迎的,肯定能卖个好价钱。质量追踪是出口企业必须做到的环节,否则商检部门不会让你出口,在国内销售同样要注意产品质量的追踪,发现市场不能接受的产品,就要进行反思,查找原因,及时改进。为什么高端产业链可以控制市场90%的份额?因为具有市场价格决定权,它们的环节就有6个,每个环节都要赚钱。我们只要想一想,饲料上市,进入养殖生产前,价格就已经定好,种苗引进前,价格也已经定好,商品进入市场前,就有一个市场行情给你参考,这些环节组合在一起,形成高端的产业链,对养殖生产来说,高端的产业链就好比"上层建筑",而养殖生产属于"经济基础"。因此,追求高端产业链的效率是做大做强龟鳖业的重要途径。

1. 项目设计

项目是指一系列独特的、复杂的并相互关联的活动,这些活动有着一个明确的目标,必须在特定的时间、预算、资源限定内,依据规范完成。项目是解决社会供需矛盾的主要手段;是知识转化为生产力的重要途径;是实现企业发展战略的载体。

浙江金大地省级龟鳖主导产业示范区浙江金大地农业科技有限公司示范区经过精心设计,核心面积达1 280亩,养殖水域集中连片(图3-1)。建有亲本养殖区、品牌甲鱼养殖区、出口甲鱼养殖区、恒温温室养殖区、休闲观光区(图3-2),区块布局

第三章 经营策略

图3-1 浙江金大地省级渔业主导产业示范区龟鳖池连片1 280亩（金大地集团提供）

合理，功能完善，园区建有500亩中华鳖及日本品系亲鳖塘、3 000平方米孵化房、60 000平方米养殖温室（图3-3）、400亩品牌出口甲鱼养殖塘、2 100平方米龟鳖博物馆和休闲餐厅、会议中心，25亩垂钓基地。在诸暨、杭州设立"稻田"牌甲鱼专卖店15家，年营业额1 000多万元。园区配套建设有监控系统和水质监测设备等，设施完善、景观雅致（图3-4）、道路通畅，电力及排灌设施科学合理。示范区将日本鳖品系良种作为公司的立足之本，多年来严格执行亲本培育等相关标准，提供中华鳖、日本鳖生态化养殖技术，为各级养殖户提供良种亲本和优质苗种，年产日本鳖苗种550万只（图3-5）、"稻田"牌鳖50万只、巴西龟苗种240万只、台湾草龟苗种50万只、鳄龟苗种10万只。

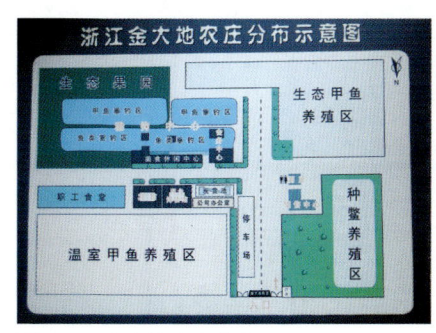

图3-2 金大地农庄分布

图3-3 浙江金大地公司龟鳖温室

图3-4 浙江金大地休闲农庄一角

图3-5 金大地示范区生产的日本鳖（陆绍燊提供）

2. 种苗引进

这里主要介绍美国龟鳖农场和苗种如何从美国引进的，这也是广大读者比较感兴趣和一直关心的问题。目前，国内有很多苗种从美国引进，主要品种有小鳄龟、大鳄龟、珍珠鳖、角鳖等。此外，引进的品种还有日本鳖、中南半岛大鳖、台湾黄缘闭壳龟、大青龟（黄喉拟水龟台湾种群）、珍珠龟等（图3-6至图3-14），这些品种的引进，对我国龟鳖养殖结构产生了较大的影响，深受我国龟鳖市场和消费者的欢迎。其中，小鳄龟已被国家农业部确定为大力推广的优良品种之一。

图3-6 小鳄龟

图3-7 大鳄龟

图3-8 珍珠鳖

图3-9 角鳖

第三章 经营策略

图3-10 日本鳖

图3-11 中南半岛大鳖（王大铭提供）

图3-12 台缘龟

185

图3-13　大青龟（新籽提供）

图3-14　台湾珍珠龟

第三章　经营策略

（1）环境

这里介绍的是位于美国佛罗里达州的一家龟鳖农场。他们注重环境建设，尽量保持原生态。池周有各种自然生长的植物，在池塘中配以小船，便于操作管理（图3-15）。龟鳖池四周有两圈防护设施，里层开设数个口子，与池内相通，以便龟鳖上岸产卵和栖息（图3-16）。池周设有宽阔的行车带，便于机械化投饵（图3-17）。有些池中央与池边设置浮桥相连，便于观察与饲养管理（图3-18）。

图3-15　美国农场原生态池

图3-16　龟鳖池设数个引坡便于龟鳖上岸产卵和休息

图3-17　池边宽阔便于机械化投饵

图3-18　浮桥通向池中央便于管理

（2）制种

农场采用野生龟鳖进行制种。他们收购的品种有：鳄龟、巴西龟、黄耳彩龟、珍珠鳖和角鳖等，这些野生龟鳖从野外运回来后，进行分类，严格挑选，使用体型好、健康强壮和发育良好的龟鳖作为亲本，经过消毒处理后，放入池中，进行培育（图3-19至图3-22）。

图3-19　美国农场收购野生龟鳖制种

图3-20　野生鳄龟原种

图3-21　挑选质量好的鳄龟做亲龟

图3-22　发现一只角鳖

（3）投饵

他们采用机械化投饵方式。具体是抛洒投饵法，投饵机由汽车牵引，先在灌装的饲料台下定量装上饲料，投饵机随着汽车，沿着池周慢慢行进的同时，向池里抛洒饵料，当汽车绕池一周，投饵工作完毕（图3-23和图3-24）。因此，这种投饵方式轻松便捷，劳动强度低，生产效率高。

（4）孵化

龟鳖产卵后，使用塑料箱进行孵化。在白色的塑料箱上开孔通气，箱内铺设大颗粒的蛭石作为孵化介质，在介质上按序排列龟鳖受精卵，孵化箱整体叠放在支架上，在孵化室内，通过温度计和湿度计观察，以便及时进行必要的调节（图3-25至图3-27）。由于佛罗里达州自然温度较高，孵化中，未见使用控温控湿设施。

图3-23 给投饵机内装上饲料

图3-24 投饵机正在向池里抛洒饲料

图3-25 孵化采用白色塑料箱叠放

图3-26 鳖苗已孵化出来

图3-27 孵化介质采用蛭石

（5）暂养

龟鳖苗孵出后需要经过暂养。设置互联的长方形暂养池，通过曝气增氧，活化水质，在水面上设置数个浮板，增加龟鳖苗栖息生态位（图3-28至图3-32）。对需要出口的龟鳖苗进行消毒处理，保持良好的水质，出口前龟鳖苗尽量"不开口"，不使用开口饵料，以提高运输成活率。

图3-28 龟苗暂养池使用前曝气处理

图3-29 暂养池内放置数块浮板

图3-30 孵化出来的珍珠鳖苗

图3-31 暂养中的黄耳彩龟苗

图3-32 孵化的小鳄龟苗

（6）出口

出口的龟鳖苗须经检验办证并进行科学包装。出口前，需要去美国农业部下设的动植物检疫机构办理卫生许可证，经过健康卫生检验合格，办证后才可出口（图3-33）。龟鳖苗的包装采用透气的塑料盒（图3-34），盒内放入缓冲保湿的纸巾，外套通气良好的硬质纸箱（图3-35），包装盒和包装箱上有很多通气孔，以保证龟鳖苗在运输过程中对氧气和散热需要。包装箱上印有动物图标和不可颠倒的标示（图3-36）。进口许可证和卫生许可证随货接受查验，以便通关（美国龟鳖农场的图片由柴宏基提供）。

图3-34 珍珠鳖苗包装在塑料盒内并放纸巾缓冲保湿

图3-35 龟鳖苗两层包装——内层是塑料盒，外层是纸箱

图3-33 美国农业部动植物检验办证服务机构

图3-36 外层包装采用通气的硬质纸箱并有动物标示

3. 饲料加工

饲料加工是龟鳖产业链中的重要一环。龟鳖在温度合适下，每天都需要摄食，如果"环境、饲料和应激"是龟鳖养殖三要素，那么饲料是关键要素之一。龟鳖通过摄食饲料，满足其对营养和生长繁殖的需求。

为什么要使用配合饲料？在传统的龟鳖养殖生产中，养殖者习惯使用鱼虾等动物饵料，虽然这些饲料有一定的营养，来源丰富，价格便宜，但由于其营养不均衡，氨基酸不平衡，电解质不平衡，长期摄食给龟鳖带来诸多问题，如生长速度缓慢，繁殖不稳定，容易出现畸形，水质污染严重，制作鱼糜和频繁换水使用人工较多，龟鳖发病率较高。而使用配合饲料，可以避免上述问题，因为配合饲料是根据龟鳖营养需要进行科学配置的，不仅氨基酸平衡、电解质平衡，还添加了免疫增强剂，提高龟鳖抗病力。在配合饲料中，蛋白质、氨基酸、不饱和脂肪酸、碳水化合物、维生素、矿物质等，一个都不能少，满足了龟鳖生长繁殖过程中对各种营养的需求。使用配合饲料，不仅节省人工，污染减轻，病害减少，最重要的是提高其生长速度和繁殖能力。

龟鳖配合饲料一般采用优质鱼粉、α-淀粉、谷朊粉、膨化大豆、复合维生素、复合矿物质、免疫增强剂、天然诱食剂等原料进行配合。在制作膨化饲料的时候，还要添加高筋面粉、肝末粉、饼粕类、啤酒酵母等。目前，饲料的种类繁多，如浙江金大地饲料公司生产的龟鳖饲料种类有：甲鱼粉状料、甲鱼膨化料、乌龟膨化料、鳄龟膨化料、石龟膨化料等。在国内金大地是第一家开发出石龟专用料的厂家，其产品供应广东、广西和海南等地。

4. 仓储运输

仓储运输是龟鳖产业链中的一环，原料、饲料、药物等物资都需要仓储管理和运输管理。如配合饲料，表面体积大，易受温度、湿度、昼夜温差与天气变化等因素影响，可能引起结块、发热、霉变和生虫等。因此，配合饲料厂家、运输人员、饲料经销商、养殖户要相互配合，做好仓储运输两大环节工作。下面以饲料为例，谈谈仓储运输的管理问题。

（1）仓储管理

饲料的变质主要是仓储不当引起的，仓储中心工作是：防雨淋、防受潮、常检查、保新鲜。具体要求：

仓库：隔热、防潮、防漏雨、通风、密闭。隔热，以防仓内外温差过大，引起饲料结块。防潮，水泥地面放置垫板或油毛毡。防漏雨，检查屋顶、窗门有无漏雨。通风，以便排除仓内湿气和降低仓内温度。密闭，以防湿度大时侵入仓内。

小堆垛放，确保通风。

存放要有计划性。梅雨季节颗粒饲料存放时间不要超过10天，粉状饲料不要超过7天。

做好进出仓记录。先进先出先用为原则。

做好仓库通风干燥降湿和密闭防潮防热的检查管理工作。

饲料成品和原料避免混堆，以免意外的虫体侵害成品。经常清扫。以免生虫污染成品。

浙江金大地饲料有限公司在仓储管理中有着非常严格的要求和质量理念。金大地饲料仓库内挂着的条幅是"质量是一种态度，质量是一种标准，质量是一种承诺"（图3-37）。

图3-37 浙江金大地龟鳖饲料仓储

（2）运输管理

在运输管理中，主要工作是防雨淋、防受潮和防破包。具体要求是：严格清除车厢底板积水和尖锐物品，并铺上干燥垫料，以防破包和水分入侵饲料。

随身携带性能好的遮盖物品，特别是梅雨季节，气候多变，晴雨无常，须及时对饲料进行严密覆盖和捆扎，尤其注意装卸过程中不被雨淋，在运输过程中，经常检查遮盖情况，以防意外。

笔者在广西武鸣的一家木薯淀粉企业参观时发现，一辆正在装运木薯淀粉的大型货车停在仓库，工人正忙着搬运，将发往浙江湖州的一家龟鳖饲料厂（图3-38）。

图3-38 龟鳖饲料的木薯淀粉原料从广西发往浙江

5. 商品销售

对于龟鳖养殖者，商品销售是指龟鳖生产者通过货币结算出售所养殖的商品，转移所有权并取得销售收入的交易行为。对于经销商，是将收购的龟鳖商品，进入市场销售终端，对外出售，获得附加值。

目前，龟鳖的商品形态呈现多样化：外观没有改变的商品（图3-39和图3-40）；分割小包装的商品（图3-41和图3-42）；深加工的商品（图3-43和图3-44）。无论是哪一种形态，都是为了适应市场需求，通过市场取得龟鳖本身的价值和附加值。养殖者一般是直接上市原形态的龟鳖，根据市场变化，适时上市才能取得养殖报酬。龟鳖通过收购商进入市场后，经销商适当提高价格，来取得合理的销售利润。

商品销售是龟鳖业的终极行为，是产业链的终端，是产业健康发展的根本。一些炒种行为与正常的商品销售背道而驰，炒种是养殖—养殖；商品销售是养殖—市场。产业的发展要靠良性循环，不是

图3-39 巴西龟上市

193

图3-40 甲鱼上市

图3-41 巴西龟小包装上市（沈子兴提供）

图3-42 甲鱼小包装上市

图3-43 制作龟酒上市

图3-44 制作龟苓膏上市

靠炒种。炒种的结果使处于底层的散户和小户养殖者受害，最终造成整个产业的不稳定。炒种得益的是处于提供种苗的团体和个人，尤其是制定游戏规则的那些人。因此，在养殖过程中，新手不要盲目加入，慎重选择品种，观察该品种的商品是否走向市场，避免给自己造成较大的经济损失。

6. 质量追溯

龟鳖业企业需要制定产品标识、质量追溯和产品召回制度，确保出场（厂）产品在出现安全卫生质量问题时能够及时召回。过去是出口食品生产企业商检才有这样的要求,现在是国内龟鳖业企业都要有质量追溯的规范程序。已经取得无公害农产品、绿色食品、有机农产品和农产品地理标志认证或认定的龟鳖生产企业,更要自律,建立质量安全追溯体系,提高市场竞争力。龟鳖产品质量安全追溯的目的,是确保龟鳖上市时成为有身份证的水产品,以便接受国家相关部门的检查,并接受消费者的监督。

质量追溯要实现产品从采购环节、生产环节、仓储环节、销售环节、流通环节和服务环节的全程覆盖。在生产过程中,每完成一个工序或一项工作,都要记录其检验结果及存在的问题,记录操作者及检验者的姓名、时间、地点及情况分析,在产品的适当部位做出相应的质量状态标志。这些记录与带标志的产品同步流转。需要时,很容易搞清责任者的姓名、时间和地点,职责分明,查处有据,可以极大地加强职工的责任感。

结合最新的条码自动识别技术、序列号管理思想、条码设备(条码打印机、条码阅读器、数据采集器等)有效收集管理对象在生产和物流作业环节的相关信息数据,跟踪管理对象在其生命周期中流转运动的全过程,使企业能够实现对采、销、生产中物资的追踪监控、产品质量追溯、销售窜货追踪、仓库自动化管理、生产现场管理和质量管理等目标,向客户提供一套全新的信息化管理系统。还可建立龟鳖动物防疫追溯体系,每只龟鳖有二维码"名片",扫描可见:龟鳖来源,防疫用药种类和时间,停药期等,一清二楚。如果发现某件商品出了问题,马上可以追查到问题出在哪个环节。2012年8月17日,日本厚生劳动省发布食安输发0817第4号通报,加强对从中国进口鳖中严格检查残留药物"恩诺沙星",因此,质量安全追溯十分重要。

目前,龟鳖业产品质量追溯还处于初级阶段,如金大地龟鳖饲料企业出厂的饲料包装上有质量追溯的标志,但这种标志比较简单,按照生产日期来进行质量追溯(图3-45)。广东绿卡实业有限公司生产的鳖产品上贴有的水产品质量溯源标签主要标有养殖种类、产品规格、出池日期、养殖证号、养殖池号、养殖单位等信息,除此之外还有自动生成的汉信码(图3-46)。市民购买带有该标签的水产品后可以查询追溯条码的真伪和所购买水产品的基本信息。浙江德清县农业局针对甲鱼安全生产定期开展专项整治活动,要求建立完善质量安全可追溯机制,指导督促甲鱼养殖单位(户),按规定如实填写并保存生产、用药和产品销售记录,加快推行产品标识和质量安全可追溯制度。

图3-45 按照生产日期来进行质量追溯

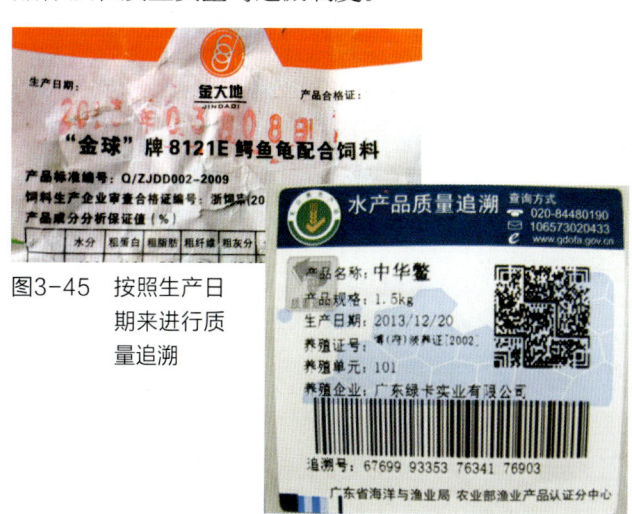

图3-46 绿卡公司使用汉信码进行龟鳖质量安全追溯(黄启成报道)

二、养殖产业链注重效益

在基础产业链中，或者说在养殖生产里，我们最需要注意什么呢？前面已经讲过，是质量。不错，确实是这样，但不完整，应该是稳定的质量。解剖基础产业链，可以分成4个部分：稳定输入；多元流程；精密控制；信息反馈。

1. 稳定输入

所谓养殖生产，实际上是通过各种物质、能量的投入，使用养殖技术，制造出市场接受的商品，在产出大于投入的情况下获得利润。在这一过程中，首先要关注的是稳定的输入，包括温度、水质、种苗、饲料、药物等生产要素都要确保稳定的质量。以种苗为例，引进的种苗最好是"头苗"和"中苗"，规格大而均匀，体健活泼，养殖成活率较高（图3-47）。如果是"尾苗"，大小不均，体质较弱，断尾、畸形较多，养殖后出现生长缓慢的"老人头"的比例较高。同理，温度不稳定容易产生应激反应，体质下降，发生疾病；水质不稳定，摄食量减少，皮肤病易发率增大，生长受抑制；饲料质量不稳定，直接影响受饲动物的生长发育，饲料系数增加，成本上升（图3-48和图3-49）；药物的质量不仅要求稳定，还必须符合国家绿色食品生产的要求，做到无公害，无残留，效果好。稳定的输入，就是投入品质量好，还必须保证每批次都好。苏州有个养鳖户进行露天池生态养鳖，投喂的杂鱼开始注意质量，但有一次将变质的海杂鱼3 500千克投入到池里，结果两个月后发病，病鳖浑身浮肿，无药可救，因而造成巨大损失。

图3-47 体健活泼的鳖苗

图3-48 投喂质量稳定的饲料

图3-49 作为鳖饲料的螺肉品质稳定

2. 多元流程

我们要注意多元流程,就是将生产过程分割成多元的工艺流程,并对每个流程进行质量控制,才能取得优质高效的产品。在养殖生产中,我们要将其过程分割成环境调控、结构调控、生物调控,具体可分割成水质、温度、种苗、饵料、药物、防治、巡池、调整等环节,并一一加以质量管理和控制。其工艺流程分得越细,越有利于标准化生产,追求最佳效果。其实,国家制定标准就是为了实施控制每个生产环节符合标准化要求,以"制造"出合格的产品。

图3-50 对孵化温度的精密控制

3. 精密控制

精密控制在养殖生产中很重要,再好的技术标准和产品标准,如果不能在生产中进行精密的控制,就不会产出符合市场要求的一流产品,也不可能获得较高的生产报酬。比如,一般温室养鳖最佳温度控制在30℃,有些品种最佳温度可能是31.5℃,还有的品种需要控制在28℃。又如龟鳖性别受孵化温度控制,一般认为在28~30℃的情况下,雌雄比例几乎均等,低于28℃时雄性比例较高,而高于30℃时雌性比例较高(图3-50)。信息反馈,在养殖过程中作用较大,如果发现养殖中龟鳖浮头,就要查找原因,发生在温室内,可能是氨浓度较高,需要通风或进行充氧,及时换水并可使用微生态制剂调节生态平衡。在露天池发现龟鳖摄食减少、沿池边缓游、趴在食台上不动等现象都要及时进行分析,找出原因,及时提出并实施整改措施(图3-51)。

图3-51 对鳄龟趴在食台上不动的现象及时分析查找原因

4. 信息反馈

在养殖生产中，还必须注意市场信息的反馈，根据市场动向调整生产结构和出售产品的时机，所以在养殖生产中始终存在物流、能流、价值流和信息流。

信息反馈是经常发生的，可针对市场变化进行分析。2013年3月11日中国龟鳖网群友小艾哥提出问题："温室鳖养殖遭遇寒流，价格首次跌破最低成本价。自2013年3月初开始，温室商品鳖价格首次跌破最低成本价（不包括人工工资、折旧、利息等费用），目前成交价23元/千克。据分析，温室鳖在正常养殖情况下，养殖最低成本价在25元/千克左右，而在养殖技术较差的情况下，每千克商品鳖所需投入的成本超过28元，如果按照目前的价格出售，每养殖1万千克商品鳖需亏损2万～5万元。"（图3-52）

笔者回答上述问题，认为："温室鳖历史上跌过这么低，甚至更惨的情况都遇到过，是正常的市场反应。鳖的市场早已成熟，产能有些过剩，但市场能够慢慢消化。目前消化不良的主要原因还是宏观经济影响较大，抑制公款吃喝和提倡节约，使得饭店生意冷淡，加上食品安全的宣传，很少有人去饭店吃饭，在家里吃似乎更安全，百姓生活压力都很大，不舍得铺张浪费。这些综合因素引起的鳖市场变冷，是阶段性震荡，以后会好转的。"

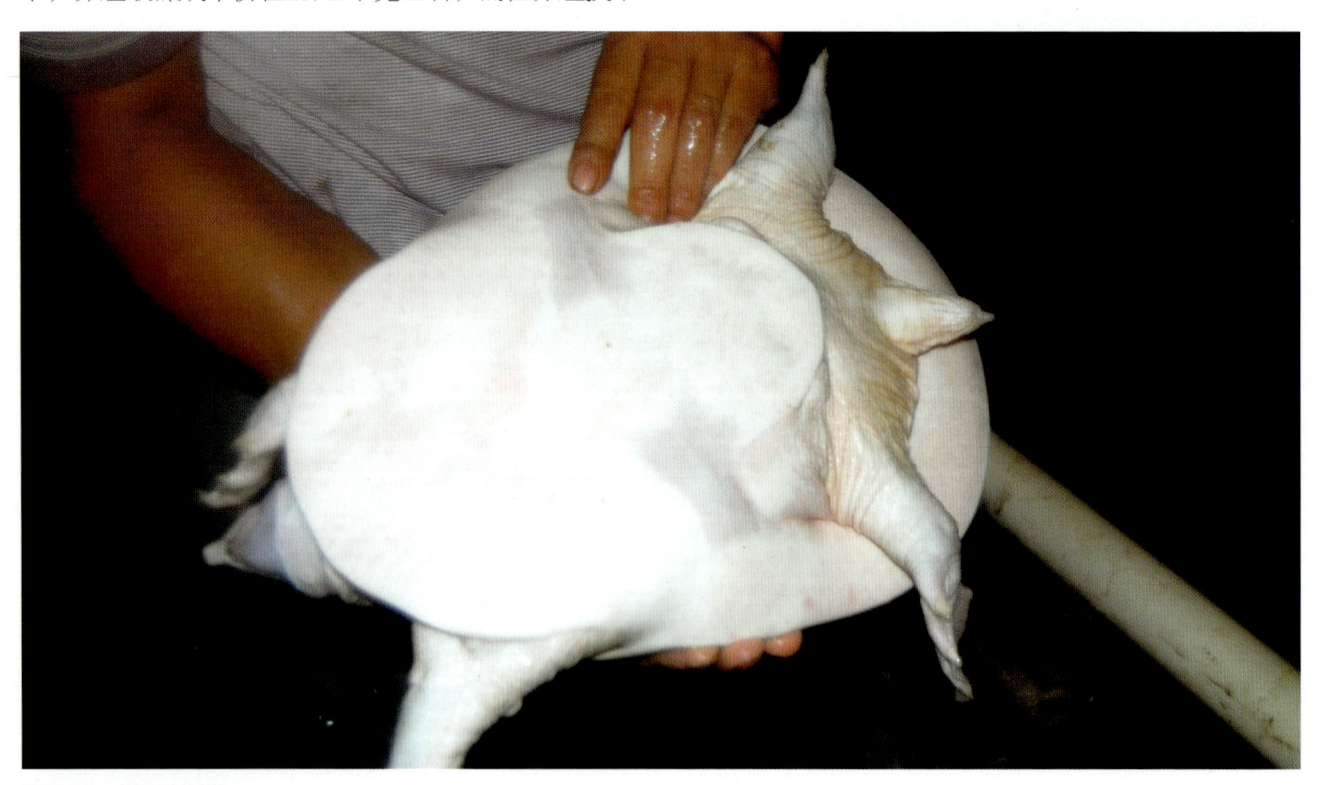

图3-52 温室商品鳖

三、观赏产业链讲究价值

观赏龟养殖产业链和经济类龟鳖养殖产业链一起构成基础产业链。在观赏龟领域,有很多不为人知的事情。小孩天性喜欢龟,一个小孩,父亲是温州老板,在昆山办企业,他的孩子几乎每周末都要从昆山让家里的司机开车送他到苏州花鸟市场看观赏龟,每次来看一天,有时回去带上几只龟,卖给同学赚钱,从小就有了经商意识。笔者经常接到许多养龟爱好者打来电话,家里的观赏龟生病了,笔者给予指导治好了,很开心,表示感谢。有些病龟因病情晚期治不了,龟主痛苦万分,难以与爱龟分别,毕竟主人与龟已有深厚感情。观赏龟分高端、中档和低端,有国产的也有进口的,不同种类,都有人养。也有专门的观赏龟养殖场,如北海的宏昭龟鳖生态园,里面养殖了60多种中外观赏龟。随着人们的生活水平逐渐提高,欣赏龟类的人群越来越多,龟的寿命一般较长,伴随主人一起到老是一种享受,也是一种意境,主人心情愉快了,也就增寿了。

1. 常见国内品种

在观赏龟界,高端龟一般不常见,主要分布在收藏爱好者家中,通过申办驯养许可证合法饲养,极少见于观赏龟市场。常见的高端龟有金头闭壳龟(图3-53至图3-55)、百色闭壳龟(图3-56和图3-57)、金钱龟(图3-58至图3-63)、潘氏闭壳龟(图3-64和图3-65)、云南闭壳龟(图3-66)、周氏闭壳龟(图3-67)、黑颈乌龟(图3-68)等;中档龟主要有鹰嘴龟(图3-69)、黄喉拟水龟(图3-70至图3-72)、眼斑水龟(图3-73)、锯缘摄龟(图3-74和图3-75)、齿缘摄龟(图3-76)、地龟(枫叶龟)(图3-77)、黄缘盒龟(图3-78)、黄额盒龟(图3-79和图3-80)、安布闭壳龟(图3-81)、凹甲陆龟(图3-82和图3-83)、缅甸陆龟(图3-84)等;低端龟主要有巴西龟(图3-85)、乌龟(墨龟、金线龟)(图3-86至图3-88)、珍珠龟(图3-89和图3-90)等。

图3-53 金头闭壳龟背部(朱成提供)

图3-54 金头闭壳龟腹部(朱成提供)

图3-55　金头闭壳龟苗

图3-56　百色闭壳龟（背部）

图3-57　百色闭壳龟（腹部）

图3-58　越南种金钱龟（侧面）

图3-59　越南种金钱龟（腹面）

图3-60　越南种金钱龟

第三章 经营策略

图3-61 海南种金钱龟

图3-62 广西种金钱龟

图3-63 广东种金钱龟

图3-64 潘氏闭壳龟（莫燚提供）

图3-65 潘氏闭壳龟

图3-66 云南闭壳龟（虎四提供）

图3-67　周氏闭壳龟

图3-68　黑颈乌龟

图3-69　鹰嘴龟（绿谷提供）

图3-70　南种石龟

图3-71　大青头石龟（梦云提供）

202

图3-72 小青头（张琦提供）

图3-73 眼斑水龟（莫燚提供）

图3-74 锯缘摄龟（莫燚提供）

图3-75 锯缘龟苗（北京水生野生动物救治中心 陈春山提供）

图3-76 齿缘摄龟

图3-77 枫叶龟

203

图3-78　笔者养殖的黄缘盒龟

图3-79　红头型黄额盒龟

图3-80　黄额盒龟回眸

图3-81　安布闭壳龟

图3-82　凹甲陆龟（杨春提供）

图3-83　黑靴陆龟卵一窝41枚（王大铭提供）

第三章 经营策略

图3-84 缅甸陆龟（黄东晓提供）

图3-85 巴西龟

图3-86 乌龟

图3-87 墨龟

图3-88 金线龟

图3-89 珍珠龟（台湾花龟）

205

图3-90 珍珠龟苗

杂交龟：艾氏拟水龟（黄喉拟水龟与金钱龟杂交）（图3-91）、腊戎龟（乌龟与黄喉拟水龟杂交）（图3-92和图3-93）等。

变异龟鳖：变异巴西龟（图3-94）、白化乌龟（图3-95）、变异石龟（图3-96和图3-97）、白化鳖（图3-98）、双头龟（图3-99）等。

畸形龟：畸形金钱龟（图3-100）、畸形石龟（图3-101）等。

图3-91 艾氏拟水龟

图3-92 腊戎龟背部（中国杰提供）

图3-93 腊戎龟腹部（中国杰提供）

图3-94 变异巴西龟（王大铭提供）

图3-95 白化乌龟

图3-96 变异石龟

图3-97 变异白头石龟

图3-98 白化鳖（蛋蛋提供）

图3-99 双头石龟（阳光女孩提供）

图3-100 畸形金钱龟

图3-101 畸形石龟

2. 常见国外品种

国外观赏龟鳖种类很多，最常见的品种有：地图龟（图3-102）、纳氏伪龟（图3-102）、黄耳彩龟（图3-103）、甜甜圈（图3-104）、佛罗里达红腹龟（图3-105）、锦龟（图3-106）、安南龟（图3-107）、钻纹龟（图3-108）、东部箱龟（图3-109）、麝香龟（图3-110）、斑点池龟（图3-111）、星点池龟（图3-112）、大鳄龟（图3-113）、小鳄龟（图3-114）、亚洲巨龟（图3-115和图3-116）、庙龟（图3-117）、马来食螺龟（图3-118）、木雕水龟（图3-119和图3-120）、欧洲泽龟（图3-121）、红面蛋龟（图3-122）、墨西哥巨蛋（图3-123）、希氏蟾头龟（图3-124）、玛塔侧颈龟（枯叶龟）（图3-125）、锯缘东方龟（太阳龟）（图3-126）、缅甸山龟（图3-127和图3-128）、辐射陆龟（图3-129）、亚达伯拉象龟（图3-130）、苏卡达陆龟（图3-131）、红腿象龟（图3-132）、印度星龟（图3-133）、红头扁龟（图3-134）、黄头侧颈龟（图3-135）、圆澳龟（图3-136）、扁头侧颈龟（图3-137）、佛罗里达鳖（图3-138）、角鳖（图3-139）、滑鳖（图3-140）、中南半岛大鳖（图3-141至图3-143）等。

图3-102　地图龟

图3-102 纳氏伪龟（陆义强提供）

图3-103 黄耳彩龟（柴宏基提供）

图3-104 甜甜圈

图3-105 佛罗里达红腹龟

图3-106 美国西部锦龟与东部锦龟

图3-107 安南龟（丰收提供）

第三章 经营策略

图3-108 北部大花钻纹龟（Susan提供）

图3-109 东部箱龟（Susan提供）

图3-110 麝香龟

图3-111 斑点池龟（杨永成提供）

图3-112 星点池龟（莫燚提供）

图3-113 大鳄龟

图3-114　小鳄龟

图3-115　亚洲巨龟

图3-116　亚洲巨龟苗（王大铭提供）

图3-117　庙龟（那乌提供）

图3-118　马来食螺龟

图3-119　木雕水龟背部（Stephen V.Silluzio提供）

第三章 经营策略

图3-120 木雕水龟腹部（林向博提供）

图3-121 欧洲泽龟（邓志明提供）

图3-122 红面蛋龟（龟之家提供）

图3-123 墨西哥巨蛋

图3-124 希氏蟾头龟（玉林阿五提供）

图3-125 枯叶龟

图3-126 锯缘东方龟

图3-127 缅甸山龟背部（fswing提供）

图3-128 缅甸山龟腹部（fswing提供）

图3-129 辐射陆龟

图3-130 悉尼动物园亚达伯拉象龟

图3-131 苏卡达陆龟（小明提供）

第三章 经营策略

图3-132 红腿象龟（穆毅提供）

图3-133 印度星龟

图3-134 红头扁龟（龟之家提供）

图3-135 黄头侧颈龟（忍者神龟提供）

图3-136 圆澳龟（阿康提供）

图3-137 扁头侧颈龟

图3-138 佛罗里达鳖

图3-139 角鳖

图3-140 滑鳖

图3-141 中南半岛大鳖

图3-142 中南半岛大鳖苗称重

图3-143　中南半岛大鳖成体（王大铭提供）

3. 观赏价值

人与龟的交往，是一种机遇和缘分，在赏龟玩龟中产生乐趣，享受快乐的人生。观赏龟爱好者林向博认为："人生事不如意十之八九，一生中能有多少与一个与你种族完全迥异的小生物进行目光对视、心灵交汇这样安静而美好的时光？如此修心的静谧时光，如此感悟生命之美的爱好，世上少有！生命短暂，美好之事真的不会太多。"庄锦驹说："我有一只草龟公，很有灵性，一见我像箭一样'飞'到我身边。其他龟是我喂的时候才走过来，这只无论喂不喂，我去观察，它一见我就'飞'到我这。"那乌主人说："我家墨龟不但'飞'过来，现在通过训练，能坐起来了。"

有人听说过驯马、驯虎、驯狗，听说过驯龟吗？在现实生活中就有这样的"驯龟师"。在广州，工作中的她是雕刻模具大师，生活中的她是"驯龟大师"，喜欢和龟同吃同住。各种龟在她眼里都是艺术品，都有塑造的潜能，龟在她的驯化下能站立起来，不仅是墨龟那乌，其他的龟个个被她驯化得服服帖帖，站一会儿，才能去摄食。人有潜能，没想到龟也有，也能被驯化出来。奇迹出现了，生活乐趣就多了。她，就是那乌主人（图3-144至图3-146）。那乌主人的驯龟秘笈：龟健康，食欲要旺盛，因材施教。多和龟沟通，抚摸它的头往它鼻孔里吹气，和它多说话，哪怕是大喝一声，尽量引起它的注意力，再赏赐食物。耐心的食物教导，培养龟追食物的能力。龟主动过来讨食物时，要尽量给可口的食物。

图3-144　那乌主人

图3-145　养龟环境

图3-146　驯化站立

黄缘盒龟一生美丽，不仅受中国人喜爱，在美国也受欢迎。根据留美学生的反馈，在美国网站上，黄缘盒龟常被称为"中国盒龟"。描述为：中国盒龟是盒龟中最酷的一种，来自中国南部、台湾和琉球群岛，栖息在附近有溪流和池塘的草丛中。这种龟观赏性强，底板具有铰链状的裂缝，用以闭合，酷似美国的箱龟，又称"黄缘盒龟"，头部有黄色的斑纹，在隆起的背壳脊棱上有独特的黄色条纹。

黄缘盒龟小龟在美国主要采用网上交易的形式出售，爱好者可以通过网上订购。2011年4月22日标价为每只195美元（图3-147），实际购买，如果买一只是199美元（图3-148），买3只是每只189美元。一位来自中国烟台的留学生在美国奥马哈市网购到1只黄缘盒龟苗，以每只199美元的价格下单，加上10%的税，再加49美元的快递费，到手时267.9美元，按汇率6.5折算为1 741.35元人民币。在美国，网购小龟，采用UPS的一天到达或者Fedex的次晨达，活体只能用1天到达的快递方式，因为美国法律规定，只要是活体邮寄，不能超过1天。这只龟是下午17：00邮出，第二天上午10：00到达。这位留学生还养有1只黄喉拟水龟和两只剃刀龟。

图3-147　从美国网站上购买黄缘盒龟，此网站介绍黄缘

图3-148 美国网购黄缘盒龟苗

在美国，三线闭壳龟、黄缘盒龟、猪鼻龟、中华鳖、中华草龟、苏卡达龟、红腿象龟等都受欢迎。美国也有宠物店，以狗为主，兼营爬虫，美国人喜欢蛇、蜥蜴之类的，在店里小龟不好卖，但网上购买很方便。一般使用的龟粮是"ZOOMED"。2013年5月6日，美国龟友静静等待来中国龟鳖网群里（QQ群号：199700919）交流，告诉笔者，在美国网购海南种群的三线闭壳龟苗价格是1 995美元，折合成人民币1.2万元左右，比中国的还便宜。

3. 市场前景

观赏龟不仅有观赏价值，还具有较高的经济价值。随着人们生活水平进一步提高，观赏龟已通过市场进入经济领域。在中国，几乎每个城市都能见到观赏龟的踪影，在花鸟市场，可以见到观赏龟专卖店（图3-149），买龟人常常络绎不绝，有很多来城市打工者做起了乌龟小买卖，从观赏龟店里批发小龟去零卖，比上班赚钱多。很多家庭养殖观赏龟，甚至在学校的宿舍里也见到观赏龟。哈尔滨的一名大学生在宿舍里养殖大鳄龟，因为经常夜里停电，冬季不能给龟加温，结果龟应激发病了，找到笔者，在笔者的指导下治愈了（图3-150）。这些都说明，大多数人天生是爱龟的。因此，观赏龟通过交换产生经济价值，在我国人口众多的社会里，观赏龟养殖前景广阔，观赏龟市场会越来越兴旺。

图3-149 广州观赏龟市场

图3-150 哈尔滨大学生养殖的大鳄龟发生应激（王瀚霆提供）

通过流通与市场交换，观赏龟养殖获得经济效益。北海宏昭龟鳖生态园养殖有60多种观赏性龟鳖，主要提供给上海、杭州等花鸟市场，主人王大铭是北海龟鳖业协会会长，主动走出去，到泰国、台湾等地取经，获取市场信息，接待参观学习者（图3-151）。海南有一家观赏龟养殖场规模较大，品种较多，养殖的观赏龟提供给广州、上海、杭州、苏州等全国各地花鸟市场（图3-152）。

目前，养殖鳖类产能过剩，给观赏龟发展带来机遇。一方面产能过剩；另一方面部分养殖龟加入炒种行列，赚取不当利润。比如石龟、安南龟、黑颈乌龟、佛鳄龟四大炒种品种，作为新的投资人和散户要保持警惕。总之，从养殖到养殖是不正常的，而从养殖到商品龟市场，进入终端消费，才是健康发展之路。针对养殖类产能过剩的现状，需要一部分养殖者向尚未饱和的观赏龟领域转移，加入观赏龟市场的竞争，挖掘观赏龟市场潜力（图3-153）。

图3-151 王大铭会长接待参观学习者

图3-152 海南龟鳖协会陈如江会长接待中国龟鳖网群友

图3-153 观赏龟市场潜力巨大

第二节　系统整合（四纵四横）

基础产业链包括养殖产业链和观赏产业链，高端产业链包括品种引进、仓储运输、饲料生产、产品加工、商品销售和质量追溯等环节。要想取得更高的经济效益，就要进行产业链系统整合，通过整合产生附加值，提高综合效益。整合包括纵向整合和横向整合，我们通过四纵四横八大整合思路和实例来为读者解析龟鳖产业链系统整合，为提高龟鳖业经营管理水平打开市场。

一、基础与高端整合

基础产业链与高端产业链整合，产业链延长，从而取得整合效益，是龟鳖企业做大做强的重要途径。

广东绿卡公司，原来是养殖中华鳖和乌龟的大型养殖场，他们起点比较高，追求高品质，被评为国家良种场，采取育种提纯的方法，实行良种化，并对外供应，别人卖中华鳖苗2元，他们卖6元，靠的就是品质，不同于一般中华鳖，生长速度快，体型大，裙边宽，肉质美，病害少。在基础产业链内功练好之后，他们开始向上追求，整合高端产业链，不是良种引进，而是对外供应良种。并在仓储运输、饲料加工、商品销售和质量追溯等方面，抢先一步。不仅如此，他们还成立了中国龟鳖产业协会，由此来带动更多的龟鳖企业加入延长产业链行列，通过整合提高综合经济效益。广东绿卡实业有限公司创办于1987年，公司总部坐落于穗、港、澳几何中心、中国名镇东莞市虎门镇，现有员工600人，其中专业技术人员20多名，固定资产超过3亿元，无公害龟鳖养殖基地4 600余亩，龟鳖品种60余种。年产中华鳖种苗800万只，乌龟苗600万只，无公害龟鳖商品500吨，龟鳖饲料5 000吨，年产值过亿元（图3-154）。

图3-154　广东绿卡公司生产中国名鳖

广西北海王大铭建立的龟鳖生态园，同样注意向高端产业链要附加值，整合出效益。他的养殖方向是观赏龟类，已养殖60多种观赏龟。养殖了生长快、体型较大的亚洲巨龟和中南半岛大鳖。在高端产业链中，他注重整合的是产品加工这个环节，制作龟酒等深加工产品，产出较高的经济效益。他分析研究市场变化，掌握主动权，随机应变，确立了自己的特色（图3-155至图3-157）。

图3-155　王大铭的龟鳖生态园

图3-156　王大铭生态园里养殖的亚达伯拉象龟

图3-157　王大铭繁育的亚洲巨龟苗

浙江金大地集团，在龟鳖产业系统整合中更具特色。建立大型龟鳖良种场与休闲农庄，仿生态养殖与控温养殖相结合，养殖产业链与仓储运输、饲料加工紧密结合，利用自身的优势，创造高效益。他们龟鳖产业方面有两个主要产品：一是日本鳖；二是金大地品牌饲料。在行业内口碑好，质量优，赢得市场较大的份额。金大地饲料公司要求每位员工每天都要问自己："今天你认真了吗？"（图3-158至图3-166）

图3-158　金大地饲料集团公司总部在浙江诸暨

图3-159　金大地集团公司的理念

图3-160　金大地检测中心

图3-161　金大地陈国艺总经理来到明阳集团淀粉车间查看质量

图3-162　金大地饲料车间

图3-163　金大地乌龟饲料

图3-164　金大地鳖饲料

图3-165　金大地基地龟鳖工厂化养殖

图3-166　金大地基地休闲农庄

二、保护与利用整合

对于野生龟鳖的保护，包括立法和执法两个部分。应该说，我国对此立法比较全面，执法比较严格。但是部分地区仍有违法捕捉野生龟鳖的行为，笔者建议在执法的同时，要利用现代化的无线监控设施，加强护林员的职责与考核，群众性的自发维护生态平衡教育等，综合实施野生龟鳖保护性防控。

为了保护龟类这一自然资源，美国加利福尼亚州曾通过了一项法律，即未经官方允许，任何人不得从加利福尼亚地区运走龟类家养。那些已经被家养的龟类的主人必须持有官方发给的龟类护照。这样，龟类家养才是合法的。

1985年6月，广东省人民政府在我国惠东港口设立海龟省级自然保护区，1992年10月经国务院批准升格为国家级。1993年7月，加入中国生物圈保护网络；2002年2月，被列入《国际重要湿地名录》。保护区的4种主要海龟种类为：玳瑁、丽龟、棱皮龟和蠵龟。海龟属国家二级重点保护野生动物，由于长期随意捕杀和挖取龟卵，已面临濒危境地，该保护区的建立对保护和恢复海龟种群具有重要意义（图3-167和图3-168）。

对于国家二级保护和省级重点保护龟鳖类，需要办理驯养繁殖许可证。依据《中华人民共和国水生野生动物保护实施条例》（1993年9月17日国务院批准，1993年10月5日农业部令第1号公布）第十八条：因科学研究、驯养繁殖、展览等特殊情况，需要出售、收购、利用国家二级保护水生野生动物或者其产品的，必须向省、自治区、直辖市人民政府渔业行政主管部门提出申请，并经批准。

图3-167　惠东港口海龟国家级自然保护区绿海龟（独自等待提供）

图3-168　绿海龟苗（独自等待提供）

需要经营利用的，根据《中华人民共和国水生野生动物利用特许办法》第二十二条规定，因科研、驯养繁殖、展览等特殊情况需要出售、收购、利用水生野生动物或者其产品的，必须经省级以上渔业行政主管部门审核批准，取得《水生野生动物经营利用许可证》后方可进行。医药保健利用水生野生动物或其产品，必须具备省级以上医药卫生行政管理部门出具的所生产药物及保健品中需要水生野生动物或其产品的证明；利用驯养繁殖的水生野生动物子代或其产品的，必须具备省级以上渔业行政主管部门指定的科研单位出具的人工繁殖的水生野生动物子代或其产品的证明。

申请运输、携带、邮寄水生野生动物及其产品的单位或个人。根据《中华人民共和国水生野生动物利用特许办法》的相关规定，申请《运输证》，应当提交下列材料：（一）《特许捕捉证》、《驯养繁殖许可证》、《水生野生动物经营利用许可证》之一的复印件；（二）进出口水生野生动物及其产品涉及国内运输、携带、邮寄的，需提交农业部、中华人民共和国濒危物种进出口管理办公室、海关的进出口批件；（三）经批准捐赠、转让、交换水生野生动物及其产品的运输，需提交同意捐赠、转让、交换批件；（四）跨省展览、表演水生野生动物及其产品的运输，需提供表演地省级渔业行政主管部门同意接纳展览和表演的证明。

保护是必需的，对于珍稀的野生龟类资源，尤为重要。比如金钱龟、鹰嘴龟、眼斑龟、黄额盒龟、安布闭壳龟、黄缘盒龟、黑颈乌龟等。目前，黄缘盒龟在台湾的分布日趋减少，大量捕捉触目惊心，趋利性商业走私，运往大陆，各个环节因人为操作不当遭受灭顶之灾的恶性应激，成活率极为低下，台湾当局对此执法非常严厉，抓到走私的要负刑事责任。在大陆，以安缘为代表的所谓大陆缘，由于多年来的捕捉，野生资源日趋减少，接近灭绝，值得担忧。已被民间收购养殖的安缘要珍惜来之不易的资源，申领驯养繁殖许可证，采用科学方法，增值资源，合理利用成品龟。在利用上，按照国家法律，办理相关手续。利用有4个方面：食用，对于国家允许繁殖子代可以用于食用的，可以开发利用，造福人类，如龟酒、龟苓膏、巴西龟小包装、中华鳖小包装等。对于药用，严格审批后可以由具有资质的制药企业进行利用，制造为人类服务的药物。比如利用黄缘盒龟制作的断板注射液。科研需要使用的龟类，同样需要经过审批，开展对龟类各种生理、药理和病理进行研究，对其营养成分进行分析，对其长寿机理进科学论证等。龟类可以用于观赏，与人类进行眼神交流和其他互动，变成人类喜爱的朋友，增添生活乐趣。总之，挖掘龟鳖类营养价值、药用价值、科研价值和观赏价值具有生态、经济和社会意义。

海南海口泓旺农业养殖有限公司，是一家拥有观赏龟进出口权的大型企业，占地面积200余亩，以养殖中高档的外国龟为主，先后引进红腿陆龟、苏卡达陆龟、圆澳龟、地图龟、菱斑龟、希氏蟾龟等。2015年10月29日中国龟鳖网群友跟随笔者来到海口的这家企业。主人陈如江介绍说，他们集繁育、科研与营销于一体的龟鳖类动物专业养殖企业，也是中国最大观赏龟养殖企业（图3-169至图1-172）。

图3-169　泓旺公司观赏龟池

图3-170　泓旺公司养殖的陆龟

图3-171　泓旺公司养殖的三脊棱龟

图3-172　泓旺公司繁育的观赏龟苗

三、产能与市场整合

我国龟鳖产能2015年达到38万吨，其中龟8万吨，鳖30万吨。这样的产能与市场基本吻合，但部分产能出现过剩。比如鳖的产能在部分地区就发生供大于求的现象，结果导致商品鳖的价格偏移预期，一些鳖农亏损。一般养鳖成本价每500克13元，低于这个"瓶颈"就要倒挂。怎样达到供求平衡，需要产能与市场整合。

浙江是我国龟鳖养殖大省，尤其是工厂化养鳖。全国一半产能在浙江，因此浙江的产鳖量影响全国。2014年浙江开始对污染性的龟鳖温室进行整顿，部分拆除，预计3年内关闭45%的温室，目的是治理大环境，还人类蓝天白云，这是综合治理的一部分。但对我们龟鳖产业来说，会带来一定的影响。拆除之后，商品鳖会从低迷状态逐渐回升至微利状态。调整产业结构，适当降低产能，有利于龟鳖业理性发展（图3-173）。

目前，广东和广西处于养龟业高度亢奋之中。因为龟的价格持续几年居高不下，大家鼓足干劲，不断扩大生产规模，尤其是石龟、安南、黑颈、佛鳄龟、斑点池龟、木雕龟等，这些龟站在市场最前沿，成为广东和广西人致富的目标品种。问题是价格持续升温的背后，一些人为因素推高虚假市场。我们知道，龟鳖种苗市场和商品龟鳖终端市场是两个市场圈，但互相是有联系的，不应是割断的，孤立的。出现的问题是，在广东和广西，龟的种苗市场不断涨价，表面上看是在扩大种群，实际上是封闭的内循环，产能提高之后，不见商品进入终端市场，只见养种苗，不见卖商品，从养殖到养殖，这样循环下去，是恶性的，跟风养殖的散户最终要承担种苗市场崩溃带来的经济损失。

从市场角度分析，我国龟鳖产能出现地区性消费不平衡。龟鳖市场分三块：一是广州龟鳖集散中心，主要供应华南地区，包括港澳。广西、海南对龟鳖的消费量也比较大。二是武汉市场，乌龟集散地，主要供应湖南和湖北。三是南京作为鳖的集散地，供应全国。浙江是鳄龟产能大省，也是其消费的重要地区之一，在浙江乡镇的普通饭店可以吃到鳄龟的菜肴。鳄龟的消费地区已经扩大到江苏、浙江、北京、上海、广州、深圳等地。此外，巴西龟食用性消费已经遍布全国各大超市，随处可见。但也有一些地区对食用龟没有消费习惯，造成地区不平衡。观赏龟的种类和销售规模以广州为中心，向全国各大城市扩散，需求量不断上升，值得期待，很多养殖者看好这块市场，改变养殖方向，是明智的选择（图3-174）。

图3-173 浙江温室养殖

图3-174 广州天嘉市场

总之，我国龟鳖产能与市场是基本平衡的。不平衡的是部分地区，某些阶段出现暂时的产能过剩，经过慢慢消化和市场调节，最后获得新的平衡。不管是种苗产能，商品产能，还是观赏产能，都必须交由市场调节。人为干预是逆向市场的行为，不利于龟鳖业健康发展。

四、输出与流通整合

我们已处于互联网大数据时代，适应时代发展，紧跟现代化潮流，龟鳖业大有文章可做。其中产品的输出与流通，涉及线上和线下的问题，是整合还是分流，有不同的观点。

董明珠与雷军在央视"对话"节目中，就两个不同的营销方向展开对话。董明珠的格力空调优势在于掌握核心科技，产品制造和销售有自己的工厂和渠道，构建了传统物流系统，销售网络覆盖全国。雷军做小米手机和电视，他认为进入电商时代，不需要自己的工厂和仓储，不需要自己的物流，不需要实体店，充分利用别人的企业进行产品制造、输出与流通，将自己的产品在线上进行销售，并做好售后服务。

京东是线上和线下互联的电商模式，全部由自己掌控。尽管目前京东的物流成本偏高，但在所不辞，继续朝向既定的目标奋进。阿里巴巴和淘宝不做买也不做卖，只做买卖的服务，又是一种模式。顺丰先做物流，再做线上线下的整合。虚拟的还是实体的，线上还是线下，以及线上与线下紧密结合，都是新时代大企业必须选择的经营模式。

对此，我们龟鳖行业正在面临时代的选择。一些网站、网店和微店，已经将龟鳖、饲料和龟用品等虚拟到线上，客户下订单后，利用成熟的物流配送，取得收益。龟鳖产业的输出包括养殖类各种规格产品出售，也包括观赏龟类输出，流通是利用现有的物流企业运行，不需要自己的仓储，甚至不需要自己的养殖场。随着互联网的思维进一步影响龟鳖业，线上与线下结合，有可能出现像京东那样的企业，全部由自己承担，构建全面的产品输出与流通系统。龟鳖产出后，通过仓储运输，商品销售，到达客户或消费者的运动过程就是流通，这一环节需要创新经营模式，产品虚拟化，还是虚拟与实体相结合，对龟鳖业提高效率，向时间和空间要效益，挖掘市场潜力具有重要意义（图3-175）。

图3-175 中国龟鳖交易网

五、养殖与观赏整合

传统的龟鳖基础产业链中，养殖类与观赏类是分道而行的。养殖类追求高产高效与规模效益；观赏类追求精品极品与观赏价值。在互联网时代，这两大类逐渐在融合，作为企业，可以将养殖类与观赏类整合起来，取得更高效益；作为品种，可以充分利用两类不同价值，整合在一起，获得更好的效果。

养殖类龟鳖，目前主要品种有中华鳖、黄沙鳖、黄河鳖、台湾鳖、日本鳖、珍珠鳖、角鳖、山瑞鳖、中南半岛大鳖、杂交鳖等鳖类；并有巴西龟、乌龟、珍珠龟、鳄龟、黄喉拟水龟等。观赏类龟鳖，主要有黄缘盒龟、巴西龟、乌龟、珍珠龟、鳄龟、金钱龟、鹰嘴龟、黄额盒龟、安布闭壳龟、眼斑龟、斑点池龟、星点池龟、箱龟、麝香龟、木雕水龟、三龙骨龟、凹甲陆龟、缅甸星龟、缅甸黑山龟、缅甸象龟、豹纹龟、苏卡达龟、猪鼻龟等，数不胜数。一些龟难以归类，比如金钱龟、黑颈龟、安南龟、南石、佛鳄龟等，这些龟在市场运行中尚未稳定，希望早日回到正常轨道。按理这些龟应该属于养殖类，并兼有观赏类特征。

据上分析，不少龟类具有两种属性，既是养殖类，又是观赏类，很难分开。这就给我们一个启发，就是养殖类与观赏类可以整合。进一步分析，大家不一定知道，观赏龟是怎么来的？在普通的观赏龟中，一部分来自养殖龟中挑选出来的"老人头"，就是在温室养殖商品龟过程中发现由于个体差异光吃不长的"老人头"，被挑出来进入观赏领域，直接送到观赏龟市场。有一部分来自你想不到的资源，它们来自放生龟，笔者多次见到放生龟被渔民捕捞后，卖到观赏龟市场。巴西龟可以出现在超市作为养殖龟，又可以出现在观赏龟市场，同样情况有乌龟、珍珠龟、鳄龟等。佛鳄龟，今后走向是观赏与养殖整合。

据笔者掌握的资料，北京、上海、江苏、浙江、广东、广西、海南等地已出现养殖龟与观赏龟整合在一起的养殖场，根据市场在不断调整品种和养殖方向。整合挖潜力，整合抢市场，整合出效益（图3-176至图3-179）。

图3-176 苏州一家大型龟鳖养殖场

六、生产与环境整合

环境是人类共同的资源，保护环境，就是关爱自己的生命。按照传统观念，只要搞好生产，不用考虑环境问题。近年来出现雾霾天气，给人们敲响警钟。蓝天白云不能国外才有，中国也应该拥有。人类需要净化的环境，子孙后代需要洁净的蓝天。龟鳖生产与环境息息相关，无论是温室养殖，还是仿生态养殖，都要注意环境问题。

温室养殖龟鳖，能源包括煤炭、电力、太阳能等，为了节省加温成本，使用木屑炉加温，有的用废旧塑料做燃料，这样的温室养殖，污染空气，给生态环境带来致命的破坏。因此龟鳖业占比全国半片江山的浙江下决心整顿龟鳖养殖温室，对污染严重的温室坚决拆除，计划3年内拆除45%的温室，消灭污染源。这样做，对龟鳖生产肯定有影响，但可以换来清新空气和生态效益（图3-180）。

图3-177 常州的一家龟鳖养殖场

图3-178 海口的一家龟鳖养殖场

图3-179 鳄龟是食用龟又是观赏龟

图3-180 木屑炉加温

仿生态养殖，污染环境的因素比较小。但也要注意排污问题，由于龟鳖大量摄食，粪便排泄，有机物积累，水质恶化等，需要经过处理才能排放。处理的方法建议采用生物降解，比如在池塘中移植水葫芦，通过水生植物吸收水中的氮、磷等，防止水体富营养化。太湖蓝藻事件就是水质受污染引起的蓝藻水华，为治理将太湖中的围栏养殖拆除（图3-181）。

图3-181 仿生态养殖

生态是生物与环境的关系。对龟鳖来说，环境是指相对于龟鳖这个主体而言的一切自然要素的总和。环境、病原与龟鳖相互作用产生疾病；环境、饲料和平衡是龟鳖养殖技术核心。龟鳖与外界构成生态系统；龟鳖体内存在微生态系统。两个系统，都离不开环境。如果环境调控到位，龟鳖很难得病，因为切断了龟鳖生病的关键因子"环境"与"病原"之间的关系。环境卫生，饲料营养，生态平衡，就是健康养殖。

七、安全与质量整合

食品安全，质量监督，两者整合在一起，我们可以从中感悟到：安全是第一位的，人的生命需要食品安全做保障；质量提升，可以获得更多的营养。安全与质量是相辅相成的。国家对食品安全和质量非常重视，出台了相关法律法规以及国家标准。

作为龟鳖企业，积极申报无公害农产品基地、无公害农产品、绿色食品、有机食品。在生产过程中按照操作规程进行无害化管理，做好台账记录，在种苗引进、饲料来源、药物使用、水源水质等环节，严格执行国家相关法规，绝不使用国家禁用药物。在商品输出时，要建立安全质量追溯制度，发现问题立即整改（图3-182）。

笔者在自家院子里种植瓜果，不使用化肥和农药，使用龟泡澡的水做肥源，收获的蔬菜相当于有机食品级的农产品，吃起来清甜纯净，茄子好像没皮，入口即化。感受到食品安全与质量的魅力。

龟鳖来自于大自然，走向人类设置的生态后，尽可能满足其对自然生态的需要，给予其必要的福利，从环境着手，模拟自然，建立仿野生系统，饲料选用动植物饲料搭配人工配合饲料，及时清除残饵粪便，保持生态系统整洁卫生，符合龟鳖平衡需要。同时，要注意在各个生活环节中减少对龟鳖的应激，让其在自然规律中生长繁殖，同时达到人们的生产预期。

为追求经济目标，适当使用杂交，充分利用优势是可以的。但不能过度使用杂交技术，对龟鳖进行乱交。杂交的目的是改进品种防止退化的方法之

233

一，不是唯一。提纯育种也是可持续的遗传工程。对需要保护的珍稀龟鳖，不能随意进行杂交，不可以因为经济需要破坏基因库。比如金钱龟与石龟、黑颈乌龟与中华草龟等。目前突出问题是使用黑颈雄龟与中华草雌龟进行杂交。

图3-182　广西贵港一家龟鳖无公害认证基地

八、信息与知识整合

打开中国龟鳖网（http://www.cnturtle.com），世界会进来。中国龟鳖网成立于2000年8月6日，经过漫长的发展历程，在国内外具有较高的知名度，同时也获得大量的龟鳖信息。在美国，很多龟鳖农场主动与我们联系，并向中国提供龟鳖种苗，我们积极组织进口，解决了部分需求。在中国，我们于2011年12月8日开通了中国龟鳖网QQ群（QQ：199700919），此后连续举办了北海聚会、钦州聚会、广州聚会、沙琅聚会和海南聚会。每一次聚会，都取得圆满成功。大家欢聚一堂，进行深入广泛交流，一致认为学到了新知识，取得了进步。我们始终认为：努力在当下，成功等得到；抢先一步，领先百步。随着笔者《龟鳖高效养殖技术图解与实例》、《龟鳖病害防治黄金手册》和《中国龟鳖产业核心技术图谱》的三本宝典出版，使广大读者收益，根据书中的知识解决了许多疑难问题，更多的龟鳖朋友加入中国龟鳖网，网、群、信、会紧密结合，打造中国龟鳖业界一流的交流平台，成功人士的摇篮。

我们有缘，所以相遇。我们是时代的宠儿，大家要感恩互联网，给我们认识的机会，将我们凝聚在一起，为了一个共同的龟鳖业发展目标，不断努力，走向胜利。

打开Q群，信息会进来。中国龟鳖网QQ群（199700919）建立于2011年12月8日，经过几年来的运行，不仅人气旺，素质高，知识新，进步快，并且大家一致认为是好人群，和谐群。建立这样的平台，我们的愿望是大家成为精英，成为龟鳖业的领头羊，致富中的榜样，并且带动别人致富，幸福地生活在这个地球上。网友阿荣说得好，我们不比谁的汽车好，而比谁更休闲。要休闲，就要先奋斗，所以说：努力在当下，成功等得到。现在不努力，老大徒伤悲。现在我们养龟，年老了龟养我们。我们的平台是为大家服务，是互相交流，探讨问题，增进友谊，共同进步的专业群。我们的终极目标是打造精英群，国内同类第一群，我们仍需努力。专业是我们的根本，为了促进我国龟鳖业发展，我们走到一起，缘分是我们的桥梁，真诚是我们的基础，交流是我们的动力，成功是我们的愿望。让我们携起手来，一起走向更高的起点，去迎接美好的未来。

打开微信，知识会进来。2014年5月23日早上接到北京来电，说是有人抢注中国龟鳖网微信公众平台，于是笔者立即申请，下午已审核通过，微信号是"cnturtle"。我们已经进入微信时代，利用微信公众平台进行交流，更加便捷。中国龟鳖网微信公众平台旨在通过科技交流推动中国龟鳖业健康发展。微信平台建立后，精彩不断，我们经常发布知识性的讲课内容，帮助大家从龟鳖养殖基础理论、生产应用、市场分析与发展趋势等多方面进行讲解，增加知识，拓展思维，目的是更好地运用科学养殖龟鳖，提高技术水平和市场竞争力，广受微信朋友的欢迎。利用微信公众平台，发展中坚力量，扩大微信好友群，形成学科学、用科学的良好风气，走在知识的最前沿，成为推动中国龟鳖业健康发展的核心力量。

参加聚会，龟友会进来。至今为止，中国龟鳖网已举办4次聚会，分别是北海、广州、沙琅和海口聚会。参加聚会的人越来越多，第一次聚会参加60人，第二次160人，第三次280人，第四次超过100人。此外，钦州市龟鳖养殖技术培训班，参加人数265人，笔者为他们讲课，并举行小聚会。更重要的是与广大读者和龟鳖朋友面对面交流。

（1）2012年10月北海聚会取得成果：一是龟鳖应激性疾病防治技术讲座，与大家分享前沿知识。通过图片，展示大量的治疗前后对照实例，实用性、操作性强，参会者反映强烈，提问踊跃，一致认为内容精彩，收获很大，对龟鳖病害防治疑难问题的解决增强了信心。二是对我国龟鳖业发展历史、面临问题与市场前景进行探讨。共识认为，龟鳖业发展需要产业链系统整合，尽快结束少数品种的炒种阶段，实现其商品化，进入市场终端，产业化是健康发展龟鳖业的根本出路。三是参观北海市龟鳖协会王大铭会长的龟鳖生态园，大开眼界。该园占地面积116亩，观赏龟为主要方向，养殖品种繁多，亮点是：主动应对市场变化；延长产业链，制作龟鳖酒、龟鳖粉、龟胶原蛋白等，提高产品附加值；开放心态，注重企业形象宣传。会后拜访了马武松夫人林桂艳。这次聚会北海日报进行了跟踪报道（图3-183至图3-187）。

（2）2012年12月18日是钦州三联龟鳖科技有限公司开业大喜的日子，中国著名龟鳖专家诊疗中心挂牌。这天，由钦州市水产畜牧局和钦州市水产技术推广站主办，钦州市三联龟鳖科技有限公司、浙江金大地饲料公司和珠海康益达生物科技公司联合承办，在钦州高岭商务酒店举行"钦州市龟鳖养殖技术培训"，到会250人，通过专家的精彩演讲，大家认真听课，取得圆满成功，钦州市水产畜牧局表示满意。中国龟鳖网借此机会，进行了一次小型聚会。钦州市龟鳖业协会陈兴乾会长到会支持（图3-183至图3-190）。

图3-183　中国龟鳖网北海聚会

图3-184　北海聚会火爆

图3-185　笔者为北海聚会讲课

第三章 经营策略

图3-186 马武松创建的龟王城

图3-187 笔者拜访中国龟王婆林桂艳

图3-188 笔者被聘为广西钦州中国著名龟鳖专家远程诊疗中心首席专家

图3-189 笔者为钦州市龟鳖技术培训班讲课

图3-190 钦州市龟鳖协会陈兴乾会长到会

（3）2013年10月10—12日，中国龟鳖网群友在广州从化市华辉度假村相聚，通过讲课、面对面和参观，分享核心技术、成功经验和养殖成果，增进友谊，分析市场变化，探讨发展趋势，寻求新的契机。专家讲课：中国龟鳖产业链；龟鳖饲料科技；龟鳖疑难性和应激性疾病的防治技术。强调环境、饲料和平衡是龟鳖养殖技术的核心。在互动环节，提问不断，现场火爆。龟鳖大王陈国艺、林锦根、唐雪良、欧中伟、梁方智等与大家面对面进行交流。龟王们回答了大家提出的问题，让群友了解更多的市场信息和继续发展的方向。杨火廖也匆匆赶到现场。还组织参观了广东顺德陈村镇的金顺龟鳖养殖农民专业合作社黄庆昌理事长的养龟生态园，受到热烈欢迎和款待。100多亩龟园里蕴藏着60多种龟，处处美景，令人神怡，生态园中的不同生态结构给大家启发，在参观中学到很多知识。会后拜访了区灶流夫人梁玉颜（图3-191至图3-195）。

图3-191　中国龟鳖网广州聚会

图3-192 笔者为广州聚会讲课

图3-193 参观金顺龟鳖养殖农民专业合作社

图3-194 笔者与梁玉颜合影

图3-195 笔者和唐学良等在陈村参观

（4）沙琅是知名的中国龟鳖养殖第一镇，在沙琅举办中国龟鳖网聚会具有十分重要的意义。2014年3月22日的一次聚会是继北海、钦州、广州后中国龟鳖网第四次聚会。在沙琅镇政府的关心下，在欧中伟、杨亚华、林烈金、王剑儒等龟鳖界同仁的大力支持下，经过艰辛的努力和精心准备，会议取得圆满成功。来自全国各地的与会者280人相聚一起，盛况空前，场面火爆，精彩纷呈，大家各抒己见，探讨龟鳖业发展趋势和养殖核心技术，互动环节提问不断，参会者一致认为收获很大，希望再次举办这样的聚会。会后组织参观，并拜访知名人士杨火廖。借此机会，新书《中国龟鳖产业核心技术图谱》与大家见面，带去的100本书销售一空，读者纷纷要求签名，与作者合影。这次聚会茂名电视台进行了采访和报道（图3-196至图3-202）。

图3-196 中国龟鳖网沙琅聚会

图3-197　沙琅聚会组织参观

图3-198　笔者接受茂名电视台参访

图3-199　参观杨火廖养龟场

图3-200　杨火廖现场介绍

图3-201　参观杨火廖养龟场火爆

图3-202　参观结束后合影

（5）2015年中国龟鳖网聚会，10月29日在海南成功举行。这次参加聚会有100多人，主要来自中国龟鳖网的核心群友，部分来自海南协会的朋友。特别邀请海南省龟鳖业协会陈如江会长、泓盛达农业养殖公司韩克勤总经理、金大地集团陈伯宜董事长、陈国艺总经理等出席这次聚会，他们分别致辞，祝贺这次会议召开。这次聚会得到海南协会大力支持，浙江金大地饲料公司提供赞助。

这次聚会的主题是龟鳖核心技术第一，引导行业健康发展。今年，龟鳖业进入转折期，卖方市场已转变为买方市场，龟鳖价格已由行业指导转变为市场导向，新的调整时期已经开始，养殖方向和产品结构，跟随市场的需求而变化，终端市场逐渐被打开，商品销售和产品加工消化产能，龟鳖业进入可持续健康发展，通过调整品种结构、规模养殖和技术竞争赢得更高层次的效益。

聚会中的讲课环节，为大家带来丰盛的知识大餐。包括中国龟鳖产业核心技术，龟鳖疑难性与应激性疾病的诊治新技术，脆弱的美丽——带你去认识黄额盒龟，剖析黄额盒龟为什么难养，我们应采取怎样的技术对策。不仅讲解核心技术，还为大家分析了中国龟鳖业现状与市场变化趋势，明确发展的目标与方向。会议一致认为，通过掌握核心技术，提高市场竞争力，用健康的心态应对市场的风云变幻。金大地董事长和总经理介绍了龟鳖饲料新产品，尤其是龟饲料分品种分规格开发上市，针对性强，营养更全面，精细化生产满足养龟业对饲料不同层次的需求。金大地已成为龟鳖饲料行业的领军企业，金大地集团涉及饲料生产、鱼粉加工和生猪屠宰等，该企业最近上市。

大家兴致勃勃参观了海口泓旺农业养殖公司，陈会长创建的这家企业主要从事观赏龟进出口，是目前中国最大的观赏龟养殖场。数十种观赏龟使大家眼前一亮，为养龟业多品种多层次发展打开新的思路。会后，部分龟友参观了泓盛达农业养殖公司。笔者带领部分群友拜访了位于屯昌的中国第一代龟王陈明球董事长，这位龟王与区灶流、马武松齐名，目前以养殖金钱龟和海南黑颈龟等高端龟为主，低调的龟王带我们参观了他在屯昌的两个名龟养殖场，让龟友们大开眼界。一些群友由于诸多原因，未能参加这次聚会，表示惋惜。不过，明年聚会更精彩。金大地董事长邀请大家明年在浙江诸暨金大地总部相聚，参观一流的龟鳖养殖基地和饲料生产企业等，欣赏现代化企业风采。至此，2015年中国龟鳖网海南聚会取得圆满成功（图3-203至图3-210）。

回顾几次聚会，给我印象最深的是认识一批龟鳖业界的顶尖人物，我们有幸相遇。他们是浙江金大

图3-203　中国龟鳖网海南聚会（小明提供）

第三章 经营策略

图3-204 海南聚会现场

图3-205 笔者讲话（小明提供）

图3-206 金大地陈国艺总经理讲话（小明提供）

图3-207 笔者与金大地总经理合影（小明提供）

图3-208 笔者与聚会群友合影（小明提供）

243

图3-209 陈如江会长介绍养龟经验

图3-210 拜访海南龟王陈明球

地董事长陈伯宜，金大地饲料有限公司总经理陈国艺，海南省龟鳖协会会长陈如江、副会长韩克勤，北海市龟鳖业协会会长王大铭，北流市龟鳖业协会会长梁方智，钦州市妇女龟友会会长林桂艳，钦州市龟鳖业协会会长陈兴乾，顺德区陈村镇金顺龟鳖养殖农民专业合作社黄庆昌理事长，顺德龟大王区灶流夫人梁玉颜，沙琅镇老书记欧中伟，沙琅镇政府杨亚华，林头镇养龟老师王剑儒，养龟界知名人士杨火廖，防城港市龟鳖业协会会长龚兵，上海市金头闭壳龟大王唐雪良，顺德龟鳖养殖示范基地林锦根等。值得一提的是广西北流市龟鳖业协会梁方智会长带队多次参加了中国龟鳖网聚会，浙江金大地饲料有限公司多次提供赞助。

信息与知识整合，惊喜会进来。2014年6月22日，笔者走进苏州园林网师园，顺便拍点照片。张大千在此园林住过5年，留下墨迹。苏州新加坡工业园区诞生前与新加坡代表谈判紧张时就在网师园。走进去，胜景无数，一块石头吸引了我，那上面长满苔藓，仔细一看，越看越像一座山，不由想到：山不在高，有藓则灵。

苔藓对龟很有用。龟苗暂养、运输、越冬等都可以使用苔藓，龟苗钻进苔藓中，通气保湿，龟苗显得安静。用苔藓包装龟苗进行运输，可以减少应激。一般在山区可采集到苔藓，没想到苏州园林里也有分布，这种植物喜欢潮湿的地方，有苔藓的石头或树干上，绿色葱葱，雨后，绿肥红瘦，很有古意。

当笔者发现这块石头之后，苔藓与石头组成的一座山，吸引无数的游客，我拍照后，游客相继拍照，找到了一座山，能不高兴吗？我们在龟鳖养殖，进行产业化时，需要的是一座装满知识和信息的山，更需要将知识吸收到自己的脑子里，用来更好地养殖龟鳖，提高经济效益。发现，吸收，提高，人生就是这样走过来。

与知识为伴，中国龟鳖网。我们要不断推进知识与信息的整合，利用网、群、信、会等多种平台，推广科学技术，与广大读者和龟鳖朋友及时互动，通过知识的普及，信息的传播，学到新知识，解决新问题，运用新技术，掌握新动向，在激烈的市场竞争中立于不败之地。

中国龟鳖网，秉持核心技术第一，引导行业健康发展。

Chapter 4

第四章
市场分析

第一节 热点问题

一、生态系统平衡问题

市场竞争，归根结底是技术竞争。要通过提高技术水平来提高市场竞争力，必须了解龟鳖生态系统平衡问题。龟在自然界中寿命很长，靠的是龟与自然界之间的平衡；龟被人类控制在小环境中养殖后，因环境的恶劣和操作不当，可能随时会失去生命，这是因为龟的生态平衡被打破。因此，养龟的核心是平衡。关键要素是环境、饲料和应激。可以说，不懂应激就不懂养龟。什么是应激？动物的生态平衡受到威胁所做出的生物学反应。

什么是生态？根据科学的定义，生态是生物与环境的相互关系。就"生态鳖"来说，露天生态养殖的鳖是生态的，那温室养殖的鳖就不是生态的吗？鳖与环境建立关系就是生态。因此，"露天生态鳖""温室生态鳖"，才是比较科学的名称。只要是生物，处处有生态，每个生物都有自己的生态位。

什么是疾病？疾病是生态系统失衡的表现。在龟鳖生态系统中，有内平衡和外平衡。内平衡是指龟鳖体内微生态系统的平衡；外平衡是指龟鳖与生活环境之间的生态系统平衡。平衡是时时刻刻变化的、动态的，维持这种动态的平衡就是健康养殖的精髓。如果生态系统失衡，龟鳖就会得病，比如龟鳖消化道中有益菌少，病原菌多，造成动态不平衡，微生态系统失衡，就会发病；同样，如果龟鳖生存的外部环境中有益菌较致病菌少，并且病原菌的致病力大于龟鳖自身的抵抗力时龟鳖就会发病。因此，平衡就是健康。养殖龟鳖的过程实际上是调节平衡的过程，保持龟鳖生态系统平衡，是一项艰巨的工程。以防为主，多使用免疫促进剂、免疫制剂、益生菌、益生元、合生素，为龟鳖创造一个良性的生态循环系统。

龟鳖为什么会生病？环境、病原和宿主三大因素相互作用，一旦失衡就会产生疾病。因此，发现龟鳖患病后，就要从这三个因素进行综合分析，找到真正发病的原因，对因下药。千万不能见病就认定是病原引起，就乱用药。环境污染、温差太大、氧气不够、有害气体毒害、寄生虫侵袭、操作不当、应激反应等，都是致病的因素；病从口入，说明饲料必须干净卫生，不投变质饲料；病原难以全部杀灭，但可以控制在不能致病的最少量的范围内，如果滥用抗生素可致畸、致突变、致残留，产生变异的抗药菌株，最终危害人类的健康；龟鳖自身有一定的保护力，但需要加强，可注射疫苗，使用免疫促进剂和微生态制剂，增加有益菌，控制有害菌，提高龟鳖自身免疫能力。怎样控制龟鳖病害？一句话，平衡就是健康。就是采用环境调控、结构调控和生物调控的方法，促进龟鳖生态系统平衡，从而达到控制龟鳖病害的目的（图4-1至图4-4）。

第四章 市场分析

图4-1 养龟注重生态环境的改善（新籽提供）

图4-2 环境质量是养龟中的重要一环（新籽提供）

图4-3 仿自然生态养龟（新籽提供）

图4-4 干净卫生的饲料可以减少龟的疾病发生

二、龟鳖养殖致富问题

从生物学角度分析，龟的特点是"元气充足"。龟可以与人类相伴，陪你到老，只要你善待它，龟会回报你，俗话说得好：现在你养龟，老了龟养你。

从经济学角度分析，龟的特点是"财源滚滚"。中国已经出现养龟亿万富翁，典型的有陈明球、李艺、杨火廖、林桂艳、陈兴乾等。其实养龟界中产阶级已经形成，比如近年来石龟、佛鳄龟种苗繁殖的一批大户在高价市场的推动下，年收益100万以上的有很多，实际资产上千万。起步的养龟人有不少在中国龟鳖网群（QQ：199700919）里，他们坚守"努力在当下、成功等得到"的信念，奋斗每一天（图4-5至图4-7）。

中国养龟产业化还处于初级阶段。因此，给大家带来无限发展的空间和机遇，也是养龟业最后的午餐，但不是免费的，想切蛋糕，必须找准契合点，经过可行性论证，采用科学的方法，实现自己的目标。可以肯定地说，平衡是核心，掌握核心技术的人一定会笑到最后。

图4-5　杨火廖新建的养龟场

图4-6　杨火廖的养殖环境一流

图4-7　杨火廖名龟养殖一角

三、龟鳖品种选择问题

鳖的养殖从露天养殖，鱼鳖混养增产增效，到温室养殖，全国到处发展工厂化养殖，再到环境保护，缩小温室养殖范围，规范养殖方式，防止加温燃烧使大气受到污染。养殖品种主要是中华鳖、黄沙鳖、黄河鳖、日本鳖、珍珠鳖等，无公害养殖，品牌战略，安全质量追溯等，产业不断升级。商品鳖直接由市场调节，为全国各地大众消费，增添活力，补充人体需要的营养，婚丧喜事等普遍使用鳖作为一道菜。在日本看到鳖被制作汉药，陈设在药店中供顾客选择（图4-8）。在中国，各地大小酒店用龟鳖制作菜肴已很常见（图4-9）。

龟的养殖范围较广。内容包括养殖类和观赏类。顾名思义，养殖类主要是以养殖食用龟为主，追求产量和效益的养殖方法，规模一般较大，也有家庭式的局部加温方法，多层迭起，用养殖箱控温养龟。在江浙仍保存一部分控温养殖的大型温室，这些温室经过当地政府认可对大气不会产生环境影响的才能继续生产。更多的普及露天池生态养殖，并申报无公害养殖与绿色食品。在广东和广西养殖品种比较常见的有金钱龟、鳄龟、石龟、黑颈乌龟、安南龟、斑点池龟、欧泽、眼斑龟、鹰嘴龟、安布闭壳龟、黄额盒龟和黄缘盒龟等。比较热点的品种要数石龟、鳄龟、黄缘盒龟、黑颈乌龟、安南龟、斑点池龟等。其他地区，比较常见的品种有巴西龟、乌龟、珍珠龟、鳄龟、黄喉拟水龟等，但是比较热点的品种是鳄龟和黄喉拟水龟。此外，高端的养殖品种有金头闭壳龟、百色闭壳龟、潘氏闭壳龟、金钱龟等。难度较大的品种有黄额盒龟和鹰嘴龟等。观赏类主要集中在龟类，主要包括最常见的巴西龟、乌龟、黄喉拟水龟、黄缘盒龟、黄额盒龟、花龟、锯缘摄龟、枫叶龟、鹰嘴龟、庙龟、齿缘摄龟、亚洲巨龟、欧泽、剃刀龟、西非侧颈龟、圆澳龟、钻纹龟、红面龟、缅甸陆龟、凹甲陆龟、缅甸星龟、苏卡达、亚达伯拉象龟、安布闭壳龟、东部箱龟、锦龟、杂交龟、白化龟等。

图4-8 东京一家汉药店陈列鳖甲

图4-9 浙江湖州东林镇上小饭店里的鳄龟菜

第二节　难点问题

我国龟鳖业正步入新的十字路口，养鳖业呈纵向发展，养龟业呈横向发展。全国养鳖产能达到29万吨之后，随着环境保护，控制大气污染，拆除部分温室，结构正在调整，逐渐扩大露天生态养殖，通过品牌战略，安全质量追溯，完全市场调节，有条件的企业可以开展鳖的深加工，开发高质量的商品鳖产品，无公害，绿色食品，有机食品，满足不同层次消费者的需要。养龟产能目前已达5万吨左右，仍在不断上升，但产业需要完整，并逐渐升级，脱离炒种怪圈，在扩大产能，保护多样性，满足养殖与观赏不同需求的同时，充分考虑未来健康发展，建设终端商品龟市场，追求共赢的养龟经济模式。

一、额，注水加冰

黄额盒龟一般分3个亚种，就是黑腹、布氏和图画，按头部颜色分红头、黄头和黑头。漂亮的外表，加上脆弱的生命，被称为"脆弱的美丽"。不少人喜欢，并认为此龟比金钱龟还漂亮。问题是，成活率不高，繁殖率较低。如果攻克难关，前途无量。

造成黄额盒龟难养的根本原因是什么？笔者调查后，分析认为，主要原因是黄额盒龟在转群的多个环节中被人为注水增重，为了在高温下顺利运输，进行加冰处理，这样就使得龟被多次应激，这些应激累积之后，逐渐演变成恶性应激，龟自身难以调节，不能恢复健康。通过人工解除应激，对于轻度应激可能会成功，但对于重度应激，就不那么容易做到。因此，在养殖过程中不少额迷反映黄额盒龟出现暴死现象，甚至蔓延到第三年（图4-10至图4-14）。

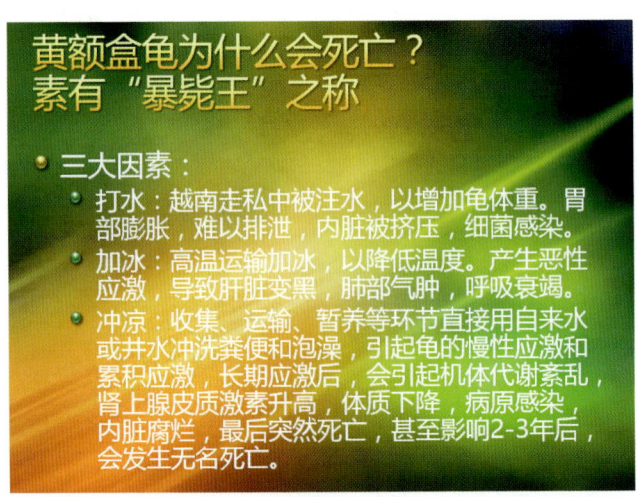

图4-10　黄额盒龟暴毙的主要原因

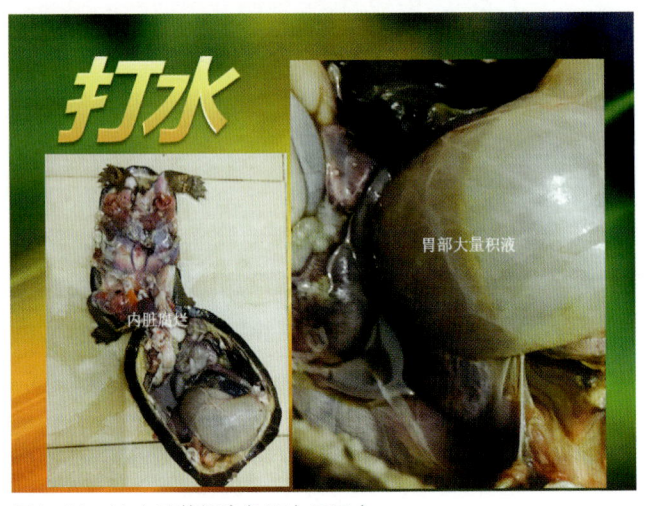

图4-11　注水是黄额盒龟死亡原因之一

黄额盒龟繁殖难度较大。主要体现在产卵少，受精率不高。笔者观察到，此龟每次产卵一枚最为常见，很少有几枚卵的情况。受精率不高，假受精，受精不足现象比较普遍。有时产卵数量总量还可以，但能孵化出苗很少，经过一阶段孵化后，里面都是水，而且变质，只能扔弃。并发现此龟中雄龟相对较少，活力不够（图4-15和图4-16）。

图4-12 加冰运输可造成黄额盒龟应激死亡

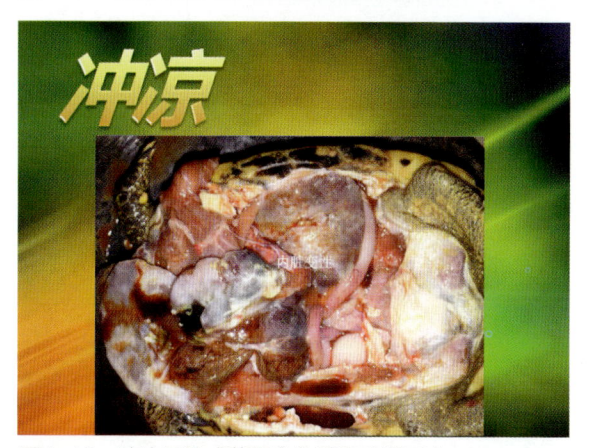

图4-13 冲凉可造成黄额盒龟累积应激死亡

图4-14 减少黄额盒龟死亡的对策

图4-15 黄额盒龟繁殖

图4-16 黄额盒龟孵化

251

黄额盒龟对环境要求比较高，要求高温和高湿度的环境。最难的是对食物的"宽度"不够。西红柿、香蕉、南瓜、白菜、玉米、牛肉、虾肉、蚯蚓、配合饲料等，都能吃一点，但不是每只龟吃同样的食谱，有很多难以开口，吃过之后，还会死亡。最喜欢吃的是南瓜和胡萝卜（图4-17至图4-23）。其实，这些难点，根本原因是转群中应激造成的，致命应激源是人为注水和加冰。

图4-18　黄额盒龟养殖环境

图4-19　黄额盒龟泡澡

图4-17　养殖者陈薇在喂养黄额盒龟

图4-20　黄额盒龟喜欢的生存环境

第四章 市场分析

笔者与北海养殖者陈薇合作进行黄额盒龟适应性试验，成功救治一起难以治愈的白眼型应激综合征病额，治疗前与治疗后进行彩图对照，黄额盒龟难养的问题通过攻关取得进展，已作为病例在第二章中有详细的讲述，治疗方法可以参考图4-24和图4-25。

图4-21 黄额盒龟最喜欢的食谱

图4-22 黄额盒龟喜欢南瓜等食物

图4-23 黄额盒龟摄食金大地饲料

图4-24 黄额盒龟白眼型应激综合征治疗前

图4-25 黄额盒龟白眼型应激综合征治疗后

253

二、缘，加冰冲凉

黄缘盒龟一生美丽，迷住很多人。高背、细纹，红脖，黄线，无不诱人（图4-26和图4-27）。近年来，从台湾入境的台湾种群黄缘盒龟，简称台缘，这种龟由于转群中加冰运输，到达国内广州中转时，被多次冲凉，并用自来水浸泡（图4-28），甚至使用冷库冷藏保活。一次又一次应激，对台缘来说，都是致命的应激反应，毫无例外，买回去之后，都会死去一部分，更有全军覆没的可能。

台缘应激解除需要核心技术。引种回来，通过注射治疗，消除应激带来的内脏损害，恢复肝功能和消除肺部炎症，及时治愈上呼吸道感染带来的多种应激综合征。接下来需要静养，给予最佳生态环境，减少人为干扰，适当使用药物和葡萄糖等进行浸泡，恢复体能，消除疾病。经过一段时间的治疗，多数台缘能活下来，得到恢复健康的台缘，适应新的养殖环境，进而达到顺利人工繁殖的目的。

图4-26　笔者养殖的安缘

图4-27 笔者孵化的安缘苗

三、病，束手无策

疾病是生态系统失衡的表现。在龟鳖养殖中，我们最怕的是什么？龟鳖发病，造成死亡和经济损失。由于养殖者大多数不是专业人员，缺少科学的专业知识。在遇到龟鳖疾病时往往不知道如何下手。是浸泡药物呢，还是打针治疗呢？

对于龟鳖疾病来说，包括常见病、疑难病、应激病。常见病，比如白斑病、白点病、腐皮病、疖疮病、穿孔病、肠胃炎和水霉病等；疑难病，比如红脖子病、鳃腺炎、红底板、白底板、真菌性腐皮病、脂肪代谢不良症、肿脖子病、眼肿病、肿瘤病等；应激病就更多了，比如白眼型、停食型、浮水型、泡沫型、外头型、垂头型等应激综合征。

对于这些病，可以采取多种治疗方法。药物浸泡，药物注射，药物涂抹，全池泼洒，手术治疗等。关键是要找到病因，经过正确诊断后，进行对因治疗（图4-29和图4-30）。

查找病因，需要从环境因素、饲料卫生、人为操作等方面，仔细分析每个养殖环节，尤其是人为操作不当。在养殖过程中，不仅要注意药物消毒，还要注意使用生态修复的方法，注重生态平衡，包括体内平衡和体外平衡；饲料的营养平衡，氨基酸平衡，电解质平衡；水体生态平衡，菌相平衡，藻相平衡。应激是动物内平衡受到威胁引起的一系列生物学反应，应激发生后，肾上腺皮质激素升高，过高时会产生毒素，内分泌紊乱，从而导致疾病发生。

255

图4-28　台缘引进到广州后用自来水浸泡造成应激

图4-29　笔者指导的黄缘盒龟注射方法（徐兆群提供）

图4-30　笔者指导的黄额盒龟注射方法（陈薇提供）

第三节　发展趋势

对养殖龟鳖而言，量不再是问题，质需要不断追求；观赏不是目的，保护才是根本；疾控不是简单用药，平衡就是健康养殖。在龟鳖业进入问质的转型期，安全、保护、理性是龟鳖业发展的三大趋势。

一、龟鳖食品须安全

首先是强调观念转变，要通过技术培训等形式，向广大养殖者宣传无公害、绿色和有机食品生产的意义，使龟鳖养殖者尽快从追求眼前经济效益转变到实现长远社会效益上来。其次，推行科学用药。预防为主，明确诊断，对症下药，合理用药，轮换用药，严格执行停药期，少用抗生素或其他化学合成药物，多用绿色生物药物。最后是建立追溯制度。龟鳖最终产品不管是外销还是内销，无药物残留是最基本的要求。一句话，产出的龟鳖食品必须是干净的（图4-31）。

图4-31　湖南仿野生鳖（汉人提供）

二、龟鳖观赏重保护

目前，观赏价值较高的龟鳖有猪鼻龟、佛罗里达鳖、三线闭壳龟、金头闭壳龟、黄缘盒龟、黄额盒龟、广西拟水龟、平胸龟、地龟、红腹龟、锦龟、地图龟、黄耳彩龟、麝香龟、变异双头龟等。喜欢观赏龟鳖是大多数人的天性，许多小孩从小就喜欢龟鳖。在全国许多花鸟市场上，观赏龟鳖生意越来越红火，说明了龟鳖具有较高的观赏性。观赏的过程确实是龟鳖文化的熏陶和享受，喜爱龟鳖，可以增强保护龟鳖自然生态的意识。放生是善良心态的表现，提倡放生本土龟鳖，不提倡放生外来物种，不给后人留下生态破坏的隐患。积极保护龟鳖生态，为龟鳖创造安全的环境，确保生态安全和生态系统良性循环（图4-32）。

图4-32　黄额盒龟具有较高的观赏价值

三、健康发展靠理性

1. 从鳄龟崩盘现象引起的思考

2014年7月初，鳄龟炒种的虚假市场终于崩盘。散户承受由此带来的负效益产生的剧痛。鳄龟由美国引进，1996年零星进来，1997年正式引入我国，农业部批准推广，已经有18年了，应该进入"水产猪肉"时代了。如果不是炒种，早就进入百姓餐桌，成为普通水产品（图4-33和图4-34）。

图4-33 从美国引进的野生鳄龟

图4-34 温室养殖的鳄龟

佛鳄龟只不过是小鳄龟中的一个亚种，繁殖率强，观赏价值高，被广东和广西开发出来，独立成炒种新军，为一部分能手获得巨额利润（图4-35）。发现商机，获取财富是好事，问题是炒种不是健康的正能量，要从科学的角度，挖掘生产潜力，同时通过终端市场的整合，让鳄龟渐渐打开市场，成为全国人民的一道水产菜。价格根据市场调节，由供求规律决定。起初在北京王府井饭店被制作成鳄龟全宴，一桌3 680元，曾轰动一时，飞机上的读物中都有这样的广告。后来深圳、上海等城市五星级酒店推出这道鳄龟菜，吸引了不少顾客的目光。没想到，此后广东和广西在提高养殖水平的基础上搞起了炒种。2014年上半年，有些地方开会，要继续炒鳄龟，没想到7月份就崩盘，当时鳄龟苗不管是什么品种，25元一只，市场反应冷淡。2015年，鳄龟苗价格进一步下跌，每只15元就能买到，佛鳄龟苗价格要高一些，最好的仍然可以卖到每只200元。因此，不少养龟场开始抄底，低价收购，通过养殖实现规模效益。

图4-35 佛鳄龟（北海村长提供）

崩盘之前已有很多征兆：一是浙江民间小镇可以随便吃到鳄龟；二是广州市场上温室鳄龟商品价格已降到17元一斤；三是浙江大批温室被拆除，而鳄龟苗不少是通过市场流向浙江，送进温室养殖商品。佛鳄龟炒种高峰期价格比较吓人，苗500元以上，种龟750元一斤，公龟更贵。这些都已成为历史。2015年鳄龟价格继续下降，苗价15元左右，商品龟13元一斤，不少养殖场看到商机，抄底购买鳄龟苗，计划养成上市。

鳄龟也好，石龟也罢，其他龟也然。希望遵循市场供求规律，看到终端市场运转，而不是人为炒作，由少数人开会决定价格。散户不要跟风，要回归理性，回归价值，回归正常。北美鳄龟食用，佛鳄龟观赏，市场调节，稳定生产。中国龟鳖业需要健康发展。

2. 石龟进入历史转折点

2015年，在年初发布的信息中，笔者认为当年石龟将进入转折年，并在中国龟鳖网上提醒大家注意市场风险，调整养殖结构，不要跟风。实际上，2014年下半年就已出现这样的迹象，只是当时隐形而已，一般人看不出来。2015年上半年，形势急转，已经由隐形变成显性，这时一些人还是执迷不悟，觉得自己养殖的石龟不会这么快在市场上就出问题。

出问题不是石龟本身。这个品种是很优秀的，品相好，生长快，病害少，繁殖多，很多大户已经受益巨大，在炒种中赚得暴利，有的赚几百万，甚至上千万，可是小户和散户就没这么幸运，他们不少是贷款跟进，想通过养殖石龟致富，结果被套住，

和股票不同的是，股票套了就没了，石龟套了龟还在，可是大家忽略一点，龟在但不能变成钱有什么用。最大的问题还是终端市场没好好的建设，这么多年来大家精力集中在炒种上，没有朝正确的方向迈进。建设终端市场，也许很辛苦，可能按照市场规律走，大家赚得不多，但最终的结果是共赢。

遇到"瓶颈"，我们的石龟养殖只是进入市场调整阶段，不是说这个品种没有前途。就像鳄龟一样，崩盘之后，经过调整轻装上阵，照样能在市场中取得自己的一份蛋糕。石龟养殖业需要健康发展，需要食用，加工等开发利用，石龟经过终端市场消化后，才会进入良性循环。我们希望这么好的品种，在今后市场经济轨道中不断发展壮大，形成健康的生产力，成为有益于人类健康的大家消费得起的高档食品（图4-36和图4-37）。

图4-36 石龟苗

图4-37 石龟

3. 黄缘盒龟市场发生变化

近年来，黄缘盒龟市场变化出现两次峰值，一次在2011年，苗价直追2 500元，另一次在2014年，苗价再次攀升，达到5 000元。两次峰值过后，都不同程度地进入调整期。与此同时，台缘成龟的价格也出现变化，2011年价格每500克1 300元左右，2015年每500克2 300元左右。带来这样的变化，有市场调节的因素，也有人为因素。

毋庸置疑，炒种可以促进种苗的繁殖和销售，火爆市场，吸引更多的人加入养殖行列。但是，负面效应显而易见，就是散户跟进会在市场调整末期付出代价。笔者希望的情形是健康发展，用健康的心态去精心养殖和耐心培育市场，价格由市场制定，不是由人为去指导。市场定价主要依据两个规律，一是价值规律；二是供求规律。发生作用的主要是供求规律。当供不应求时价格自然升高，当供大于求时价格自然下跌。

目前，黄缘盒龟市场已经由卖方市场向买方市场转变，产能与需求处于阶段性平衡状态。随着需求不断回升，价格会重新上升，但是新的一轮高走，是循序渐进的，不是跳跃式的。我们乐观地预测未来黄缘盒龟市场会稳健发展，惠及普通养殖者，最终的市场定价应该是供求平衡说了算。

无论是安缘，还是台缘养殖，都有一个美好的前景，可以满足不同消费层次的需求。但是，需要潜心研究，在科学养殖上挖潜，产出优质的种苗供应市场，让越来越多的缘迷得到他们喜爱的黄缘盒龟。大家知道，黄缘盒龟不仅具有较高的观赏价值，并且具有一定的药用价值，苏州生产的断板注射液就是使用黄缘盒龟为原料，生产出来的药品，用于肿瘤疾病的辅助治疗（图4-38至图4-40）。

图4-38 安缘苗

第四章 市场分析

图4-39 安缘苗特写

图4-40 安缘

261

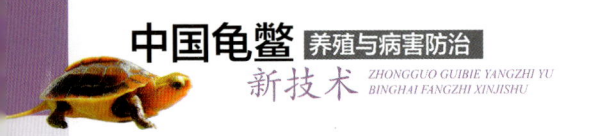

附录　水产养殖药品名录

一、抗微生物药

（一）抗生素

氨基糖苷类

序号	药品通用名称	出处
1	硫酸新霉素粉	农业部 1435 号公告

四环素类

序号	药品通用名称	出处
2	盐酸多西环素粉	农业部 1435 号公告

酰胺醇类

序号	药品通用名称	出处
3	甲砜霉素粉	农业部 1435 号公告
4	甲砜霉素粉	兽药典 - 兽药使用指南化学药品卷（2010 版）
5	氟苯尼考粉	农业部 1435 号公告
6	氟苯尼考预混剂（50%）	兽药典 - 兽药使用指南化学药品卷（2010 版）
7	氟苯尼考注射液	兽药典 - 兽药使用指南化学药品卷（2010 版）

（二）合成抗菌药

磺胺类药物

序号	药品通用名称	出处
8	复方磺胺嘧啶粉	农业部 1435 号公告
9	复方磺胺甲噁唑粉	农业部 1435 号公告
10	复方磺胺二甲嘧啶粉	农业部 1435 号公告
11	磺胺间甲氧嘧啶钠粉	农业部 1435 号公告
12	复方磺胺嘧啶混悬液	兽药典 - 兽药使用指南化学药品卷（2010 版）

喹诺酮类药

序号	药品通用名称	出处
13	恩诺沙星粉	农业部 1435 号公告
14	乳酸诺氟沙星可溶性粉	农业部 1435 号公告
15	诺氟沙星粉	农业部 1435 号公告
16	烟酸诺氟沙星预混剂	农业部 1435 号公告
17	诺氟沙星盐酸小檗碱预混剂	农业部 1435 号公告
18	噁喹酸	兽药典-兽药使用指南化学药品卷（2010 版）
19	噁喹酸散	兽药典-兽药使用指南化学药品卷（2010 版）
20	噁喹酸混悬溶液	兽药典-兽药使用指南化学药品卷（2010 版）
21	噁喹酸溶液	兽药典-兽药使用指南化学药品卷（2010 版）
22	盐酸环丙沙星、盐酸小檗碱预混剂	兽药典-兽药使用指南化学药品卷（2010 版）
23	维生素 C 磷酸酯镁、盐酸环丙沙星预混剂	兽药典-兽药使用指南化学药品卷（2010 版）
24	氟甲喹粉	兽药典-兽药使用指南化学药品卷（2010 版）

二、杀虫驱虫药

（一）抗原虫药

序号	药品通用名称	出处
25	硫酸锌粉	农业部 1435 号公告
26	硫酸锌、三氯异氰脲酸粉	农业部 1435 号公告
27	硫酸铜、硫酸亚铁粉	农业部 1435 号公告
28	盐酸氯苯胍粉	农业部 1435 号公告
29	地克珠利预混剂	农业部 1435 号公告

（二）驱杀蠕虫药

序号	药品通用名称	出处
30	阿苯达唑粉	农业部 1435 号公告
31	吡喹酮预混剂	农业部 1435 号公告
32	甲苯咪唑溶液	农业部 1435 号公告
33	精制敌百虫粉	农业部 1435 号公告
34	复方甲苯咪唑粉	兽药典-兽药使用指南化学药品卷（2010 版）

三、消毒制剂

（一）醛类

序号	药品通用名称	出处
35	浓戊二醛溶液	农业部 1435 号公告
36	稀戊二醛溶液	农业部 1435 号公告

（二）卤素类

序号	药品通用名称	出处
37	含氯石灰	农业部 1435 号公告
38	高碘酸钠溶液	农业部 1435 号公告
39	聚维酮碘溶液	农业部 1435 号公告
40	三氯异氰脲酸粉	农业部 1435 号公告
41	溴氯海因粉	农业部 1435 号公告
42	复合碘溶液	农业部 1435 号公告
43	次氯酸钠溶液	农业部 1435 号公告
44	三氯异氰脲酸粉	兽药典-兽药使用指南化学药品卷（2010 版）
45	蛋氨酸碘	兽药典-兽药使用指南化学药品卷（2010 版）
46	蛋氨酸碘粉	兽药典-兽药使用指南化学药品卷（2010 版）
47	蛋氨酸碘溶液	兽药典-兽药使用指南化学药品卷（2010 版）

(三）季铵盐类

序号	药品通用名称	出处
48	苯扎溴铵溶液	农业部 1435 号公告

四、中药

(一）药材和饮片

序号	药品通用名称	出处
49	十大功劳	兽药典第二部（2010 版）
50	大黄	兽药典第二部（2010 版）
51	大蒜	兽药典第二部（2010 版）
52	山银花	兽药典第二部（2010 版）
53	马齿苋	兽药典第二部（2010 版）
54	五倍子	兽药典第二部（2010 版）
55	石灰	兽药典第二部（2010 版）
56	石榴皮	兽药典第二部（2010 版）
57	白头翁	兽药典第二部（2010 版）
58	半边莲	兽药典第二部（2010 版）
59	地锦草	兽药典第二部（2010 版）
60	关黄柏	兽药典第二部（2010 版）
61	苦参	兽药典第二部（2010 版）
62	板蓝根	兽药典第二部（2010 版）
63	虎杖	兽药典第二部（2010 版）
64	金银花	兽药典第二部（2010 版）
65	穿心莲	兽药典第二部（2010 版）
66	黄芩	兽药典第二部（2010 版）

序号	药品通用名称	出处
67	黄连	兽药典第二部（2010版）
68	黄柏	兽药典第二部（2010版）
69	绵马贯众	兽药典第二部（2010版）
70	槟榔	兽药典第二部（2010版）
71	辣蓼	兽药典第二部（2010版）
72	墨旱莲	兽药典第二部（2010版）

（二）成方制剂与单味制剂

序号	药品通用名称	出处
73	虾蟹脱壳促长散	兽药典第二部（2010版）
74	蚌毒灵散	兽药典第二部（2010版）
75	肝胆利康散	农业部1435号公告
76	山青五黄散	农业部1435号公告
77	双黄苦参散	农业部1435号公告
78	双黄白头翁散	农业部1435号公告
79	百部贯众散	农业部1435号公告
80	青板黄柏散	农业部1435号公告
81	板黄散	农业部1435号公告
82	六味黄龙散	农业部1435号公告
83	三黄散	农业部1435号公告
84	柴黄益肝散	农业部1435号公告
85	川楝陈皮散	农业部1435号公告
86	六味地黄散	农业部1435号公告
87	五倍子末	农业部1435号公告

序号	药品通用名称	出处
88	芪参散	农业部1435号公告
89	龙胆泻肝散	农业部1435号公告
90	板蓝根末	农业部1435号公告
91	地锦草末	农业部1435号公告
92	大黄末	农业部1435号公告
93	大黄末	兽药典第二部（2010版）
94	大黄芩鱼散	农业部1435号公告同：兽药典第二部（2010版）
95	虎黄合剂	农业部1435号公告
96	苦参末	农业部1435号公告
97	雷丸槟榔散	农业部1435号公告
98	脱壳促长散	农业部1435号公告
99	利胃散	农业部1435号公告
100	根莲解毒散	农业部1435号公告
101	扶正解毒散	农业部1435号公告
102	黄连解毒散	农业部1435号公告
103	苍术香连散	农业部1435号公告
104	加减消黄散	农业部1435号公告
105	驱虫散	农业部1435号公告
106	清热散	农业部1435号公告
107	大黄五倍子散	农业部1435号公告
108	穿梅三黄散	农业部1435号公告同：兽药典第二部（2010版）
109	七味板蓝根散	农业部1435号公告
110	青连白贯散	农业部1435号公告

序号	药品通用名称	出处
111	银翘板蓝根散	农业部 1435 号公告
112	大黄芩蓝散	农业部 1506 号公告
113	蒲甘散	农业部 1506 号公告
114	青莲散	农业部 1506 号公告
115	清健散	农业部 1506 号公告

五、调节水生动物代谢或生长的药物

（一）维生素

序号	药品通用名称	出处
116	维生素 C 钠粉	农业部 1435 号公告
117	亚硫酸氢钠甲萘醌粉	农业部 1435 号公告

（二）激素

序号	药品通用名称	出处
118	注射用促黄体素释放激素 A_2	兽药典-兽药使用指南化学药品卷（2010版）
119	注射用促黄体素释放激素 A_3	兽药典-兽药使用指南化学药品卷（2010版）
120	注射用复方绒促性素 A 型	兽药典-兽药使用指南化学药品卷（2010版）
121	注射用复方绒促性素 B 型	兽药典-兽药使用指南化学药品卷（2010版）
122	注射用复方鲑鱼促性腺激素释放激素类似物	兽药典-兽药使用指南化学药品卷（2010版）

（三）促生长剂

序号	药品通用名称	出处
123	盐酸甜菜碱预混剂	农业部 1435 号公告

六、环境改良剂

序号	药品通用名称	出处
124	过硼酸钠粉	兽药典 - 兽药使用指南化学药品卷（2010 版）
125	过碳酸钠	兽药典 - 兽药使用指南化学药品卷（2010 版）
126	过氧化钙粉	兽药典 - 兽药使用指南化学药品卷（2010 版）
127	过氧化氢溶液	兽药典 - 兽药使用指南化学药品卷（2010 版）
128	硫代硫酸钠粉	兽药典 - 兽药使用指南化学药品卷（2010 版）
129	硫酸铝钾粉	兽药典 - 兽药使用指南化学药品卷（2010 版）
130	氯硝柳胺粉	兽药典 - 兽药使用指南化学药品卷（2010 版）

七、水产用疫苗

（一）国内制品

序号	药品通用名称	出处
131	草鱼出血病灭活疫苗	兽药典 - 兽药使用指南化学药品卷（2010 版）
132	牙鲆鱼溶藻弧菌、鳗弧菌、迟缓爱德华菌病多联抗独特型抗体疫苗	兽药典 - 兽药使用指南化学药品卷（2010 版）
133	鱼嗜水气单胞菌败血症灭活疫苗	兽药典 - 兽药使用指南化学药品卷（2010 版）
134	草鱼出血病活疫苗	农业部 1525 号公告

（二）进口制品

序号	药品通用名称	出处
135	鱼虹彩病毒病灭活疫苗	兽药典 - 兽药使用指南化学药品卷（2010 版）
136	鰤鱼格氏乳球菌灭活疫苗（BY1 株）	兽药典 - 兽药使用指南化学药品卷（2010 版）

参考文献

董玉忠, 周嗣泉, 任维美, 等. 1998. 微生态调节剂(PSB)对温室内巴西彩龟促生长的研究[J]. 齐鲁渔业, (4):40-41.

葛雷, 黄畛, 葛虹, 等. 2001. 乌龟的营养成分研究[J]. 水利渔业, 21(4):1.

华颖, 邵庆明. 2011. 中华鳖营养与饲料研究进展[J]. 饲料工业, 32(16):18-22.

黄少涛, 郭廷平. 1994. 鳖的种类、分布和食用营养成分[J]. 福建水产, (4):72-75.

刘翠娥, 李若利, 王建明, 等. 2007. 小鳄龟含肉率和肌肉营养成分分析及品质评定[J]. 养殖与饲料, (10):9-3.

刘翠娥, 梁启防, 李若利, 等. 2008. 不同饲料对小鳄龟增重的影响[J]. 广东农业科学, (1):85-86.

柳琪. 1995. 中华鳖氨基酸和微量元素的分析与研究[J]. 氨基酸与生物资源, 17(1):18-21.

罗志楠. 2002. 配合饲料的运输和仓储[J]. 福建农业, (2):18.

温欣, 周洪雷. 2008. 鳖甲化学成分与药理药效研究[J]. 西北药学杂志, 23(2):122-124.

杨文鸽, 徐大伦, 李花霞, 等. 2004. 乌龟肌肉营养价值的评定[J]. 水产科学, 23(3):3-35.

章剑. 1999. 鳖病防治专家谈[M]. 北京：科学技术文献出版社.

章剑. 1999. 人工控温快速养鳖[M]. 北京：中国农业出版社.

章剑. 2000. 温室养龟新技术[M]. 北京：科技文献出版社.

章剑. 2001. 龟饲料与龟病防治专家谈[M]. 北京：科技文献出版社.

章剑. 2008. 龟鳖病害防治黄金手册[M]. 3版. 北京：海洋出版社.

章剑. 2010. 龟鳖高效养殖技术图解与实例[M]. 北京：海洋出版社.

章剑. 2012. 龟鳖病害防治黄金手册[M]. 2版. 北京：海洋出版社.

章剑. 2014. 中国龟鳖产业核心技术图谱[M]. 北京：海洋出版社.

周洵. 1998. 中华鳖冬季控温人工繁殖技术[J]. 水产科技情报, (1):25-26.

朱新平, 陈永乐, 刘毅辉, 等. 2005. 黄喉拟水龟含肉率及肌肉营养成分分析[J]. 湛江海洋大学学报, 25(3):4-7.

祝培福, 郑向旭, 姚建华. 1998. 人工光照对温室甲鱼产卵影响的研究[J]. 淡水渔业, (3):34-35.